BETRIEBLICHE INFORMATIONS-
UND KOMMUNIKATIONSSYSTEME
Herausgegeben von Prof. Dr. Hermann Krallmann

Band 14

Wissensbasierte Überwachung und Planung in der Fertigung

Von
Dr.-Ing. Alfred Huber

ERICH SCHMIDT VERLAG

CIP-Titelaufnahme der Deutschen Bibliothek

Huber, Alfred:
Wissensbasierte Überwachung und Planung in der Fertigung /
von Alfred Huber. – Berlin : Erich Schmidt, 1990
  Betriebliche Informations- und Kommunikationssysteme ; Bd. 14)
  Zugl.: Berlin, Techn. Univ., Diss., 1989
  ISBN 3-503-02898-6
NE: GT

D 83

ISBN 3 503 02898 6

Alle Rechte vorbehalten
© Erich Schmidt Verlag GmbH & Co., Berlin 1990
Druck: Regensberg, Münster

Geleitwort

Schärfer werdender Wettbewerb auf nationalen wie internationalen Märkten zwingt viele Unternehmen, hohe Produktionsflexibilität zu erreichen. Die fortgeschrittene Spezialisierung von Produktionsaufgaben mit eigenständigen Abteilungen für die jeweiligen Funktionsbereiche trägt mit ihren langen Entscheidungs- und Koordinationswegen nicht zu hoher Produktionsflexibilität bei. Auch die in den letzten Jahren geschaffenen Komponenten der Informationstechnik (die sogenannten CAx Techniken, CAD, CAM, ...) - gedacht als Ausweg aus diesem Dilemma - erhöhen die Produktionsflexibilität nicht im benötigten Maße, da sie bislang fast ausschließlich als Inselsysteme genutzt werden.

Die rechnerintegrierte Produktion (CIM) umschreibt Maßnahmen von Unternehmen zur Erreichung höherer Produktivität und Produktionsflexibilität durch integrierte Planung, Steuerung und Überwachung der Material-, Entscheidungs- und Informationsflüsse bei Entwicklung, Produktion und Vertrieb des Produkts. Durch die Integration soll eine Verringerung der Schnittstellen erreicht werden, die zu schnellerem Informationsfluß und letztendlich zu höherer Flexibilität führt.

Die Produktionsplanung und -steuerung (PPS) nimmt im Rahmen von CIM eine Schlüsselfunktion ein, da ein großer Teil der CIM Informationen im Rahmen von PPS verwaltet wird. Es gibt bisher kaum Softwarepakete, welche die Funktionalität der Produktionssteuerung, deren Bedeutung aufgrund von Wettbewerb ständig wächst, voll abdecken. Die Produktionssteuerung stellt die Nahtstelle von planenden zu operativen Funktionen dar, und der Erreichungsgrad der Unternehmensziele wird durch sie direkt beeinflußt. Obwohl ein Produktionssteuerer über reichliches Erfahrungswissen verfügt, übersteigt die Komplexität vieler Planungsprobleme die Grenzen seiner Planungsfähigkeit. Die zeitlichen Zusammenhänge, insbesondere im Falle von Maschinenausfällen und der in der Folge auftretenden Auftragsverzögerungen, sind für ihn im Detail kaum zu durchschauen und abzuschätzen. Auf der anderen Seite muß er rasche Entscheidungen treffen, denn kürzere Durchlaufzeiten und niedrige Bestände verringern die tolerierbaren Reaktionszeiten für seine Entscheidungen.

Die vorliegende Arbeit beschreibt ein wissensbasiertes, als CIM Modul realisiertes Produktionskontrollsystem zur Unterstützung der operativen Fertigungsebene bei der tagesfeinen Planung. Die einzelnen Komponenten dieses CIM Moduls, das mittels moderner Softwaretechniken aus dem Bereich der Künstlichen Intelligenz vollständig implementiert wurde, werden ausführlich beschrieben. Anhand einer Fallstudie unter industriellen Randbedingungen - einer Endmontagelinie für Autoradios - wird seine Anwendbarkeit nachgewiesen.

Die Berechnung von Auftragsreihenfolgen und die Koordination mit just-in-time angebundenen Produktionsbereichen stellt eine wichtige Teilaufgabe der Produktionssteuerung dar. In dem CIM Modul wird sie durch ein dezentrales, wissensbasiertes Planungsverfahren mittels Beschränkungsnetzen gelöst, wodurch sämtliche auf den Planungsprozeß einwirkende Beschränkungen einheitlich repräsentiert und integral verarbeitet werden können. Diese integrale Funktionsweise führt zu Synergieeffekten, die eine weitergehende Integration der übrigen Funktionsbereiche zur Realisierung von rechnerintegrierter Produktion wesentlich unterstützen.

Berlin, im Februar 1990   Prof. Dr. H. Krallmann

Danksagung

Die vorliegende Arbeit entstand während meiner Tätigkeit als Wissenschaftlicher Assistent bei der Philips GmbH Forschungslaboratorium Hamburg.
Ich danke meinem Arbeitgeber und meinen Vorgesetzten für die Unterstützung bis zu einer Promotion. Weiter danke ich den Informatikern Stephan Becker, Rolf Sander und Friedhelm Zsack, die mit Teilen ihrer Diplomarbeit und durch ihre Diskussionsbereitschaft einen wesentlichen Beitrag zum Gelingen dieser Arbeit beigesteuert haben. Nicht zuletzt bedanke ich mich bei Detlev Bünz aus dem Forschungslaboratorium, der mich während unserer vielen Diskussionen auf für meine Arbeit relevante Aspekte hingewiesen und der schließlich große Teile der vorliegenden schriftlichen Ausarbeitung kritisch gelesen hat.

Hamburg, im Februar 1990   Der Verfasser

Inhaltsverzeichnis

Zusammenfassung	**1**
1 Produktionsplanung und -steuerung in CIM	**3**
1.1 Integration der Unternehmensfunktionen durch CIM	3
1.2 Ziele der Arbeit	5
1.3 Systemtheoretische Sicht auf die Produktion	7
1.4 Einsatz von wissenbasierten Verfahren in der Produktion	10
2 Stand der Technik in der Produktionssteuerung	**13**
2.1 Begriffsklärung	13
2.2 Lösungsverfahren der Maschinenbelegung	15
2.2.1 Taxonomie der Lösungsverfahren	15
2.2.2 Beispiel: Netzplantechnik	21
2.3 Konventionelle Produktionssteuerung (Methoden)	24
2.3.1 MRP	24
2.3.2 Fortschrittszahlen	26
2.3.3 Kanban	27
2.3.4 OPT	29
2.3.5 Belastungsorientierte Auftragsfreigabe	30
2.3.6 Bestandsgeregelte Durchflußsteuerung	32
2.4 Schwachstellen der konventionellen Produktionssteuerung	32
2.5 Wissensbasierte Produktionssteuerung (Systeme)	35
2.5.1 ISIS/OPIS	36
2.5.2 SOJA/SONJA	37
2.5.3 Bewertung dieser Systeme	37
3 Entwicklung eines CIM Referenzmodells	**39**
3.1 Aufgaben eines Referenzmodells	39
3.2 Das NBS Modell	41
3.3 Die GRAI Methode	43
3.4 CIM Referenzmodell	49
3.4.1 Definitionen zur Beschreibung von Entscheidungsprozessen	49
3.4.2 Architektur eines CIM Controllers	52
3.4.3 Architektur eines CIM Moduls	52

4 Realisierung mit Hilfe des CIM Referenzmodells ... 57
4.1 Flexible Montagelinie für Autoradios ... 57
4.2 Das Planungsmodul FLEX ... 63
4.2.1 Aufgaben und Ziele ... 63
4.2.2 Funktionale Architektur ... 68
4.3 Repräsentation von Wissen ... 73
4.3.1 Übersicht über die Wissensrepräsentation ... 73
4.3.2 Strukturierte Wissensrepräsentation mit Objekten ... 77
4.3.3 Verwendete Werkzeuge zur Wissensrepräsentation ... 82

5 Die Modellkomponente ... 85
5.1 Warum OR Methoden nicht anwendbar sind ... 85
5.2 Konzepte der Modellkomponente ... 86
5.2.1 Aufgaben und objektorientierte Modellierung ... 86
5.2.2 Nachbildung der realen Steuerung in der Simulation ... 89
5.3 Dynamisches Verhalten einer Seitenlinie (Wissenserwerb) ... 93
5.3.1 Aufbau der Untersuchung ... 94
5.3.2 Charakteristische Betriebspunkte (Einproduktfertigung) ... 95
5.3.3 Einfluß von Produktmix (Mehrproduktfertigung) ... 98
5.3.4 Einfluß von Puffern ... 99
5.3.5 Einfluß von Störungen ... 101
5.4 Dynamisches Verhalten der Gesamtlinie ... 103
5.5 Zusammenfassung der Ergebnisse ... 105

6 Die Überwachungskomponente ... 107
6.1 Konzepte der Überwachungskomponente ... 107
6.1.1 Überwachung des Bestandes ... 107
6.1.2 Mehrfachverwendung des Diagnosesystems ... 109
6.2 Implementation ... 110
6.2.1 Störungserkennung und Störungsdiagnose ... 110
6.2.2 Zusatzfunktionen der Überwachungskomponente ... 112

7 Die Planungskomponente ... 115
7.1 Konzepte der Planungskomponente ... 115
7.1.1 Imperative und admissive Beschränkungen ... 115

      7.1.2   Planung und Planerzeugung in der KI 117

      7.1.3   Planung mit Beschränkungen 120

      7.1.4   Wahl einer Zeitlogik 123

  7.2   Qualitative Repräsentation der Zeit (Zeitlogik) 125

      7.2.1   Grundlagen der qualitativen Repräsentation 125

      7.2.2   Modellierung mit Referenzintervallen 131

      7.2.3   Konsistenz 134

      7.2.4   Komplexität 136

      7.2.5   Qualitatives Planen 137

  7.3   Quantitative Repräsentation der Zeit 138

      7.3.1   Grundlagen der quantitativen Repräsentation . . . 138

      7.3.2   Modellierung mit SOPOs 139

      7.3.3   Konsistenz 147

      7.3.4   Komplexität 149

  7.4   Implementation 150

      7.4.1   Integration von qualitativer und quantitativer Repräsentation . 150

      7.4.2   Die temporale Wissensbasis 152

      7.4.3   Steuerung der Suche mit Heuristiken 153

8 Anwendung des CIM Moduls FLEX **157**

  8.1   Ablauf der Planung 157

  8.2   Generierung von Plänen 163

      8.2.1   Domänenspezifisches Wissen 163

      8.2.2   Benutzervergebene Beschränkungen 165

      8.2.3   Systemvergebene Beschränkungen 167

      8.2.4   Planerzeugung nach Vorschriften 169

      8.2.5   Planbewertung durch die Modellkomponente 171

  8.3   Beispiel einer Auftragsreihenfolgeplanung 172

9 Kritische Bewertung und Ausblick **177**

  9.1   Kritische Bewertung 177

  9.2   Ausblick 179

Bilder- und Literaturverzeichnis **183**

Stichwortverzeichnis **201**

Zusammenfassung

In Kapitel 1 werden die Ziele dieser Arbeit formuliert. Es wird kurz dargestellt, was rechnerintegrierte Produktion bedeutet und wie sie die Flexibilität von Produktionsunternehmen erhöhen soll. Die Erhöhung wird - nach einer systemtheoretischen Betrachtung - auf die Beherrschung der beiden für die Produktionsplanung und -steuerung bestimmenden Größen Unsicherheit und Komplexität zurückgeführt.

Im Anschluß wird im Kapitel 2 der aktuelle Stand der Technik der Lösungsmethoden und -verfahren für die Produktionssteuerung beschrieben. Dabei werden sowohl die konventionellen Produktionssteuerungsverfahren als auch einige wissensbasierte Produktionssteuerungssysteme vorgestellt.

In einer rechnerintegrierten Produktion kann die Produktionssteuerung keine isolierte Komponente sein. Aus diesem Grund wird in Kapitel 3 ein CIM Referenzmodell - bestehend aus CIM Modulen - entwickelt, das eine Synthese der Ideen des NBS und des GRAI Modells darstellt. Ein CIM Modul behebt die Schwächen heutiger Steuerungsstrategien und heutiger Planungssysteme durch die Realisierung von integrierter Planung, Steuerung und Überwachung. Die dabei eingeschlagene Konstruktionssystematik stellt einen Entwurfsrahmen mit Platzhaltern für CIM Softwarekomponenten bereit. CIM Softwarelösungen entstehen durch Spezialisierungen dieser Platzhalter und können mittels der definierten Schnittstellen in das Produktionsmanagementsystem integriert werden.

Bei dem CIM Modul handelt es sich nicht nur um ein theoretisches Sollkonzept: anhand einer konkreten Anwendung in industrieller Umgebung wird seine Anwendbarkeit nachgewiesen. Dazu werden im Kapitel 4 eine Endmontagelinie für Autoradios (die im weiteren Verlauf der Arbeit immer wieder als Anwendungsbeispiel dient) und ein auf dem Referenzmodell basierendes, fallspezifisches CIM Planungsmodul vorgestellt.

In den Kapiteln 5-7 werden die einzelnen Komponenten dieses Planungsmoduls beschrieben, das zum Nachweis seiner Realisierbarkeit mittels Techniken aus der Künstlichen Intelligenz vollständig (in Common Lisp und KEE) implementiert wurde.

Zuerst wird die objektorientierte Modellkomponente vorgestellt, die zu Untersuchungen der Montagelinie unter unterschiedlichen Rahmenbedingungen benutzt wird. Als Ergebnis ergeben sich Heuristiken, die von der in Kapitel 6 beschriebenen Überwachungs- und Diagnosekomponente verwendet werden, um Planabweichungen und unerwünschte Fertigungssituationen zu erkennen. Die erkannten Abweichungen bilden Beschränkungen für den nachfolgenden Planungsschritt.

In Kapitel 7 wird eine Form der wissensbasierten Planung durch Beschränkungsnetze vorgestellt. Diese Netze integrieren die horizontal und vertikal auf den Planungsprozeß einwirkenden Beschränkungen und stellen die einheitliche Datenbeschreibung für alle mit der Planungsfunktion kommunizierenden Bereiche der Fertigung dar. Der Vorteil dabei ist, daß sämtliche auf den Fertigungsprozeß einwirkenden Beschränkungen einheitlich formalisiert und integral verarbeitet werden. Es wird ein effizientes Verfahren für den Umgang mit diesen Beschränkungen entwickelt, das es ermöglicht, dieses Planungsverfahren in praxisrelevanten Größenordnungen anwenden zu können.

In Kapitel 8 wird die Anwendung dieser drei Komponenten erläutert. Ihr Zusammenspiel wird anhand einer typischen Auftragsreihenfolgeplanung exemplifiziert.

In Kapitel 9 wird das fallspezifisch entwickelte CIM Planungsmodul kritisch beleuchtet. Die entwickelten Konzepte werden hinsichtlich der zukünftigen Entwicklungen im Produktionsbereich bewertet.

1
Produktionsplanung und -steuerung in CIM

1.1 Integration der Unternehmensfunktionen durch CIM

Schärfer werdender Wettbewerb auf nationalen wie internationalen Märkten zwingt viele Unternehmen, hohe Produktionsflexibilität zu erreichen. Flexibilität - der Begriff kennzeichnet von seiner Grundbedeutung her die Fähigkeit, sich an unterschiedliche und wechselnde Anforderungen anzupassen. Erforderlich dazu sind die Verkürzung der Produktentwicklungszeiten (Zeit vom ersten Produktentwurf über die Produktionsmittelplanung bis zum Produktionsbeginn) und die Verkürzung der Lieferzeiten (Zeit zwischen Auftragseingang und Produktauslieferung).

Die einst von Taylor durchgeführte Spezialisierung von Produktionsaufgaben mit eigenständigen Abteilungen für die jeweiligen Funktionsbereiche (z.B. Instandhaltung, Konstruktion, Produktionsplanung) trägt mit ihren langen Entscheidungs- und Koordinationswegen nicht zu Produktionsflexibilität und Marktnähe bei. Rechnerintegrierte Produktion (*CIM, "computer integrated manufacturing"*) umschreibt Maßnahmen von Unternehmen zur Erreichung höherer Produktivität und Produktionsflexibilität. CIM ist heute keinesfalls als technisch feststehender Begriff zu sehen und eine präzise und allgemein akzeptierte Definition steht noch aus. Entsprechend gibt es mehrere Definitionsempfehlungen (z.B. [AWF 85], [Hackstein 85], [Scheer 87], [KCIM 87]).

Danach ist CIM durch integrierte Planung, Steuerung und Überwachung der Material-, Entscheidungs- und Informationsflüsse bei Entwicklung, Produktion und Vertrieb des Produkts gekennzeichnet. Durch die Integration soll eine Verringerung der Schnittstellen erreicht werden, die zu schnellerem Informationsfluß und letztendlich zu höherer Flexibilität führt, wobei die klassischen arbeitsteiligen und aufgabenbezogenen Verfahren zugunsten einer *ablauforientierten (Re-)Integration* der Unternehmensfunktionen zurücktreten. Ziel ist gleichzeitig die lückenlose Rechnerunterstützung der Unternehmensfunktionen ohne Unterbrechung durch rein manuelle Vorgänge. Der Nutzen eines CIM Konzeptes liegt nicht nur in objektiv meßbaren (quantifizierbaren) Größen. Er umfaßt auch weniger quantifizierbare Punkte wie Termintreue, Lieferbereitschaft und Transparenz der Produktionsabläufe.

Die in den letzten Jahren geschaffenen Komponenten der Informationstechnik zur Erhöhung der Produktivität und Flexibilität (die sogenannten *CAx Techniken*, CAD, CAM, ...) werden fast ausschließlich als Inselsysteme genutzt. Ihre informationstechnische Verknüpfung bildet einen Schwerpunkt der bisherigen Arbeiten in CIM. Voraussetzung ist die Erarbeitung eines möglichst umfassenden Integrationskonzeptes, das mit der Verknüpfung dieser schon bestehenden Inselsysteme beginnt und möglichst viele der verbleibenden Unternehmensfunktionen umfaßt. Ein betriebliches Kommunikationsnetz (LAN, "*local area network*") zwischen den zu integrierenden Bereichen ist notwendige Bedingung, um einen durchgängigen Datenfluß von der Arbeitszelle bis in die übergeordneten Hierarchieebenen zu gewährleisten[1]. Dabei müssen heterogene Netzstrukturen überwunden und der Vielfalt der eingesetzten Übertragungsmedien, der Vielfalt der Anforderungen an das Übertragungsverhalten als auch der Vielfalt der anzuschließenden Systeme Rechnung getragen werden. (Vorerst stellen die Schnittstellen zwischen den Komponenten tatsächlich noch erhebliche Hindernisse für die rechnerintegrierte Produktion dar).

Abgesehen von dieser physischen Verbindung, etwa durch die beiden Netzwerkprotokolle MAP/TOP gekennzeichnet, muß eine Standardisierung der Informationsdarstellung durch eine einheitliche Datenbeschreibung ("*data dictionary*") erfolgen, die eine Kommunikation zwischen Systemen verschiedener Hersteller und verschiedenen Applikationen erlaubt. Ziel ist die gemeinsame Benutzung vorhandener Informationen.

Neben dieser rein technischen Dimension sind ebenfalls die organisatorische und psychosoziale Dimension von CIM zu beachten. CIM ist wesentlich mehr als die bloße informationstechnische Verbindung von Abteilungen und wird als Vernetzung von *Technik*,

---

1 Die Einführung eines Kommunikationsnetzwerks ist jedoch kein direkter Beitrag zu einer Problemlösung, denn es stellt nur den operativen Schlüssel zur organisatorischen Integration der Unternehmensfunktionen dar.

Organisation und *qualifiziertem Personal* innerhalb eines allgemeingültigen, funktionalen Unternehmensmodells verstanden [KCIM 87]. Auch ein weitgehend rechnerunterstützter Produktionsbetrieb beruht zukünftig zu wesentlichen Teilen immer noch auf direktem, nicht gespeichertem Wissen der Mitarbeiter und auf direkter, nicht rechnerunterstützter Kommunikation von Menschen. Das Ziel einer Reintegration von Produktionsaufgaben zugunsten ganzheitlicher Aufgabenbereiche erfordert eine Anreicherung der Arbeitsinhalte und eine Höherqualifizierung der Mitarbeiter. Deshalb nehmen Fragen nach Aus- und Weiterbildung eine zentrale Rolle ein. Nur gezielte Qualifikationsmaßnahmen stellen sicher, daß die Mitarbeiter neue, moderne Hilfsmittel akzeptieren und planmäßig einsetzen. Kompetenzorientierte Mitarbeiterführung ist Voraussetzung dafür [Seliger 83].

1.2 Ziele der Arbeit

Die *Produktionsplanung und -steuerung* (PPS) nimmt im Rahmen von CIM Konzepten eine Schlüsselfunktion ein, da ein großer Teil der CIM Informationen im Rahmen von PPS verwaltet wird [Helberg 87]. Bei der schrittweisen Realisierung eines CIM Konzeptes beginnen deshalb auch viele Unternehmen mit der Einführung von PPS Systemen. PPS untergliedert sich in zwei Aufgabenbereiche: Produktionsplanung und Produktionssteuerung (Bild 1.1).
Die *Produktionsplanung* hat die Aufgabe, die Herstellung von Produkten in einem Unternehmen hinsichtlich Mengen, Terminen, Kapazitäten und Kosten zu planen und zu steuern. Die *Produktionssteuerung* umfaßt die kurzfristigen, dispositiven und operativen Funktionen. Dazu gehören die Übernahme der Fertigungsaufträge und möglicherweise Auftragszusammenfassung, Verfügbarkeitsprüfung, Reihenfolgeplanung, Personalbelegung, Kapazitätsbelegung, Auftragsüberwachung, Trendauswertung und Qualitätssicherung. Für die Unterstützung der PPS Funktionen gibt es eine große Anzahl von Softwarepaketen am Markt. Diese Systeme tragen in ihrer Vielfalt den unterschiedlichen Unternehmenstypen Rechnung. Es gibt aber kaum Systeme, welche die dargestellte Funktionalität insgesamt aufweisen, insbesondere wird die Produktionssteuerung bislang kaum durch PPS Systeme abgedeckt [KCIM 87].
Angesichts von Wettbewerb wächst aber die Bedeutung der Produktionssteuerung ständig. Schließlich stellt sie die Nahtstelle von planenden zu operativen Funktionen dar, und der Erreichungsgrad der Unternehmensziele wird durch sie direkt beeinflußt. Auch die hohe

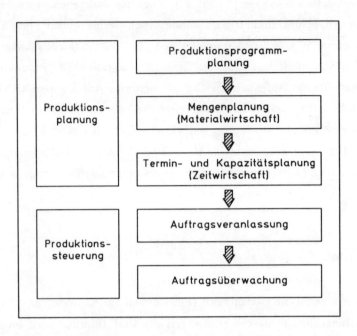

Bild 1.1: Aufgaben der Produktionsplanung und -steuerung

Kapitalintensität der Automatisierung, die in vielen Produktionsunternehmen erreicht ist, zwingt zur Erreichung hoher Nutzungsgrade und damit zu verbesserter Planung. Je komplexer die zugrundeliegenden Produktionsabläufe werden, desto wichtiger wird für den Fertigungssteuerer ein rechnergestütztes System zur Planung und Überwachung der Produktion. Obwohl er über reichliches Erfahrungswissen verfügt, übersteigt die Komplexität vieler Planungsprobleme die Grenzen seiner Planungsfähigkeit. Die zeitlichen Zusammenhänge, insbesondere im Falle von Maschinenausfällen und der in der Folge auftretenden Auftragsverzögerungen sind für ihn im Detail kaum zu durchschauen und abzuschätzen. Auf der anderen Seite muß er rasche Entscheidungen treffen.

Die vorliegende Arbeit wird den Prototypen eines wissensbasierten Produktionskontrollsystems beschreiben, der einerseits auf einem CIM Referenzmodell basiert, und der andererseits moderne Softwaretechniken aus dem Bereich der Künstlichen Intelligenz verwendet. Ziel ist es, den Fertigungssteuerer auf der operativen Fertigungsebene bei seiner täglichen Planung zu unterstützen, damit er auf aktuelle betriebliche Situationen im Sinne der Unternehmensziele reagieren kann.

1.3 Systemtheoretische Sicht auf die Produktion

Die Einführung von PPS Systemen, verstanden als Planungs- und Kontrollinstrument der Produktion, bedeutet langfristig häufig eine Fehlinvestition, sofern sie ohne Absicherung durch ein Gesamtkonzept entstanden sind. Durch eine systemtheoretische Sicht können solche Fehlinvestitionen vermieden werden. Die Auslegung eines PPS Systems hängt von zwei Kenngrößen ab, die Struktur und Dynamik des Produktionssystems bestimmen: *Unsicherheit* und *Komplexität*.

1. Unsicherheit

Ein PPS System erstellt einen Produktionsplan, obwohl ein bestimmter Grad an a priori Unsicherheit vorhanden ist. Unsicherheit wird in diesem Zusammenhang definiert als die Differenz von notwendiger Information, um die beste Entscheidung zu treffen, und verfügbarer Information.

Im folgenden soll zwischen externen und internen Quellen der Unsicherheit in einem Produktionssystem unterschieden werden. Die *externe Unsicherheit* resultiert aus dem nicht exakt vorhersagbaren Kundenverhalten. Die *interne Unsicherheit* resultiert aus der schwankenden Verfügbarkeit der Betriebsmittel des Produktionssystems. Für die Produktionsplanung bedeutet das Vorhandensein von Unsicherheit, daß zum Zeitpunkt der Planerstellung nicht alle benötigten Informationen verfügbar sind, weil sie entweder unsicher und unvollständig oder tatsächlich nicht bekannt sind[2]. Trotz der Unsicherheit wird in der Regel ein Produktionsplan erstellt, in dem die fehlenden Informationen durch Vorhersagen und Annahmen ersetzt werden.

Nach der Systemtheorie hat jedes System die natürliche Tendenz, an innerer Ordnung zu verlieren und unstrukturierter zu werden, d.h. seine Entropie nimmt ohne Kontrolle ständig zu. Da in Produktionssystemen immer a priori Unsicherheit besteht und gleichzeitig aber die Entropie nicht beliebig zunehmen darf, ist eine dynamische Kontrolle mittels eines Produktionskontrollsystems notwendig. Eine Kontrolle wäre nur dann nicht notwendig, wenn es keine Unsicherheit gäbe. Je größer die a priori Unsicherheit, desto aufwendiger und komplexer wird die notwendige Kontrolle zur Ausregelung der Unsicherheit.

---

2 Unvollständige Information kann sogar als widersprüchliche Information betrachtet werden, wenn die Lücken durch sämtliche, an diesen Stellen denkbare Daten ausgefüllt werden.

2. Komplexität

Die zweite Kenngröße für das PPS System ist die *Komplexität der Produktion als Folge der Produktkomplexität*.

Auf den meisten Märkten liegt heute die Situation eines Käufermarktes vor. Einerseits wird die Produktionsplanung durch die Orientierung der Produktion an den Wünschen der Kunden weitaus komplexer als bei Ausrichtung auf einen anonymen Markt. Dies liegt nicht nur daran, daß verbindliche Liefertermine den Planungsspielraum eingrenzen, sondern wesentlich auch daran, daß durch komplexe oder variantenreiche Produkte mit hoher Teilevielfalt ein Vielfaches an Planungsdaten einfließt und die darunterliegenden Prozeßschritte deutlich komplexer (und damit komplizierter) werden. Die Komplexität der Prozeßschritte manifestiert sich in vielen Produktionssystemen an der geringen Produktionsflexibilität, die in Form von langen Durchlaufzeiten und Rüstzeiten zutage tritt. Andererseits führt die starke Marktorientierung zu einer Zunahme der Komplexität der Lieferantenstruktur, weil die Beziehungen zu ihnen vielfältiger werden.

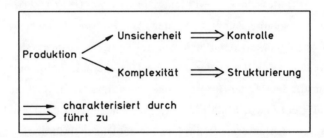

Bild 1.2: Produktionsprobleme und ihre Behebung

Demnach steht neben der Unsicherheit als eine zweite Größe die Komplexität, die den Planungsprozeß für ein Produktionssystem erschwert. Unsicherheit kann durch Kontrolle und Komplexität kann durch Strukturierung beherrscht werden (Bild 1.2). Komplexität und Unsicherheit sind nach Fox zwei gegenläufige Kräfte. Komplexität führt zu Aufgabenpartitionierung und damit zu einer Heterarchie. Unsicherheit führt zur Einführung von Planungsstufen mit unterschiedlichem Detaillierungsgrad und damit zu einer Hierarchie [Fox 81]. Hierarchieebenen und Heterarchiespalten ergeben den üblichen Aufbau einer Produktionsorganisation. Dies wird in Bild 1.3 nochmals verdeutlicht.

Bei einfach strukturierten Produkten (geringe Unsicherheit, geringe Komplexität) ist ein einfaches Produktionskontrollsystem (Controller) ausreichend (Bild 1.3 oben). Der zunehmenden Produktkomplexität begegnet man durch *horizontale Aufteilung* des Kontrollsystems nach funktionalen Kriterien (den Abteilungen), die spezialisierte Funktionen ausführen und die einzeln leichter kontrollierbar sind (Bild 1.3 Mitte). Die abteilungsübergreifende Koordination dieser Funktionen wird horizontale Integration genannt.

Der externen und internen Unsicherheit wird durch *vertikale Aufteilung* des Kontrollsystems in Kontrollebenen, die durch unterschiedliche Planungshorizonte und Detaillierungsgrade gekennzeichnet sind, begegnet. Diese Aufteilung ist im Bild 1.3 unten skizziert als Regel-, Steuer- und Leit- (Planungs-)ebene, auch operationale, taktische und strategische Ebene genannt. Die Verbindung der verschiedenen Ebenen durch Planung und Rückkopplung wird vertikale Integration genannt.

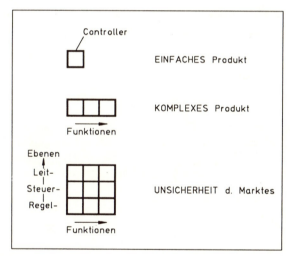

Bild 1.3: Einfaches Produkt, komplexes Produkt und komplexe Steuerung

Je kürzer die Durchlaufzeiten für komplexe Produkte sind, desto geringer ist im allgemeinen die Anzahl an vertikalen Kontrollebenen wie in Bild 1.3 unten. Da in den heutigen Produktionssystemen immer Unsicherheit und Komplexität vorhanden sind, sind die dazugehörigen Produktionskontrollsysteme immer dezentralisierte hierarchische Systeme.

1.4 Einsatz von wissensbasierten Verfahren in der Produktion

Unter dem Oberbegriff Künstliche Intelligenz (KI) werden seit der Konferenz in Dartmouth (1956) Untersuchungen durchgeführt und Computersysteme entwickelt, deren Leistungen solche Fähigkeiten betreffen, bei denen man, falls Menschen oder Tiere sie ausführen würden, Intelligenz als Voraussetzung annehmen würde (Defintion nach [Habel 89]). Bei dieser Defintion wird keine wissenschaftliche Definition des Begriffs Intelligenz versucht, sondern auf ein intuitives, informelles Vorverständnis zurückgegriffen.

Die KI unterteilt sich in die kognitive KI und die technische KI. Zielsetzung der technischen KI ist die Konstruktion leistungsfähiger Computersysteme zur Lösung komplexer Probleme der Informationsverarbeitung. Die angegangenen Probleme entstammen eng begrenzten Bereichen, für die zwar klare Algorithmen fehlen, die aber von menschlichen Experten routinemäßig gelöst werden. Das Ergebnis sind praxisorientierte Systeme der Sprach- und Bildverarbeitung sowie Expertensysteme. Expertensysteme sollen, wie die Bezeichnung schon sagt, solche Probleme lösen, für die bisher Kenntnisse und Fähigkeiten menschlicher Experten benötigt wurden. Die Vorteile, die sich aus der Anwendung der Methoden der technischen KI zur Lösung aktueller Produktionsprobleme in den Bereichen Planung und Diagnose ergeben, wurden schon mehrfach festgestellt [Krallmann 86, 87].

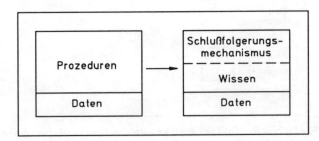

Bild 1.4: Übergang konventionelle - wissensbasierte Systeme

Wenn von wissensbasierten oder KI Softwaresystemen gesprochen wird, so ist damit mehr ein Entwicklungstrend in ihrer architektonischen Gestaltung als eine klar abgrenzbare anwendungsorientierte Software gemeint. Als architektonisches Gliederungsprinzip wird nicht mehr die algorithmische Struktur der operationalen Abläufe, sondern eine die Gegebenheiten *beschreibende und klassifizierende* Wissensbasis zugrundegelegt. Die bislang prozedural realisierten Anteile des Softwaresystems, die vielfältiges anwendungsspezifisches Fachwissen enthalten, werden dabei möglichst stark vereinfacht, vereinheitlicht und modularisiert. Die anwendungsspezifischen Prozeduren werden durch generelle Schlußfolgerungsmechanismen (Problemlösungsstrategien) ersetzt und dienen zur Verknüpfung einzelner Elemente der Wissensbasis sowie zum Inferieren weiteren Wissens (Bild 1.4). Das in einer Wissensbasis enthaltene Wissen läßt sich damit untergliedern in das explizit gespeicherte Wissen, wie es prinzipiell auch in einer Datenbank enthalten sein könnte, und das implizit gespeicherte, durch Inferenzprozesse erschließbare Wissen.

Die KI hat durch ihre Beschäftigung mit komplexen Problemen eine Reihe von Methoden und Hilfsmitteln entwickelt, die inzwischen Bestandteil der praktischen Informatik geworden sind. Diese lassen sich einteilen in:

- Suchmethoden
- allgemeine Schlußfolgerungsmechanismen
- Repräsentationsmethoden
- Implementierungsmethoden

Während die ersten beiden Bereiche überwiegend theoretisch gut abgesichert sind, kann dies von den letzten beiden Bereichen noch nicht behauptet werden.

Die Gründe für den Einsatz von Methoden der KI zur Realisierung eines Produktionskontrollsystems liegen in den oben erwähnten Produktionskontrollproblemen. Produktionsplanung ist für einen Rechner im wesentlichen ein aufwendiger Suchvorgang in der Menge der möglichen Pläne. Eine Verkürzung der Planungszyklen führt zwar zu geringerer Unsicherheit und damit zu höherer Planungsgenauigkeit, aber die Planungsaufgabe wird gleichzeitig umso anspruchsvoller, je kürzer die verfügbare Zeit bis zum Vorliegen eines Plans ist. Ein Produktionskontrollsystem hat zwar nicht im Minutenbereich neue Pläne zu erzeugen, aber es soll z.B. im Falle einer Produktionsstörung doch in akzeptabler Zeit berechnen können, welche Konsequenzen sich daraus ergeben werden, um korrektive Maßnahmen frühzeitig einleiten zu können. Bei großen Suchräumen sind dazu leistungsstarke Rechner oder entsprechend lange Rechenzeiten notwendig. Um nun doch mit erträglichen Rechenzeiten auszukommen (oder um großen Planungsaufgaben überhaupt gerecht werden zu können), müssen die weniger günstigen oder die nicht durchführbaren Pläne frühzeitig ausgeschlossen werden. Die Suchmethoden der KI helfen den Suchraum zu partitionieren und damit die Komplexität zu reduzieren.

Die Unsicherheit in Produktionssystemen wird durch Methoden zur Planung unter Unsicherheit behandelt (heuristische Suchmethoden). Suchmethoden zur Planung unter Unsicherheit sind hilfreich und notwendig, aber man muß nötigenfalls einen Plan verwerfen, falls sich im Verlaufe der Produktion eine Annahme als unhaltbar oder falsch herausstellen sollte. Eine solche Anpassung und Änderung im Planungsprozeß wird von den KI Techniken *"belief revision"* und *"truth maintenance"* gewährleistet.

Die Komplexität wird im Modell durch Strukturierung und Klassenbildung reduziert. Klassenbildung ergibt kleinere und einzeln betrachtet, weniger komplexe Probleme, die verteilt gelöst werden können, d.h. Klassenbildung bedeutet Reduktion von Komplexität. Die Integration von (partiell) autonomen Produktionsteilsystemen setzt eine gemeinsame Sicht auf Produkte und Prozesse voraus. Dies kann ebenfalls nur auf der Basis eines gemeinsamen, rechnerinternen Modells geschehen.

Da alle Ereignisse in der realen Produktionswelt zeitbehaftet sind, ist es sehr wichtig, daß der Repräsentation der Zeit bei der Modellierung eines Produktionssystems hoher Stellenwert zugewiesen wird. Eng damit verbunden ist die Modellierung von beispielsweise zwar zur gleichen Zeit stattfindenden, aber räumlich verteilten und voneinander unabhängigen Produktionsereignissen (Linien gleicher Zeiten, Isochronen). Auch hierfür bietet die KI die geeigneten Repräsentationsmethoden.

2
Stand der Technik in der Produktionssteuerung

2.1 Begriffsklärung

In PPS Systemen werden die beiden Begriffe Planung und Steuerung sehr unterschiedlich und vom strengen Wortsinn her auch unsauber verwendet. Beispielsweise wird die Materialbedarfsermittlung per Stücklistenauflösung pauschal zur Planung gerechnet, obwohl sie lediglich die Durchführung schematischer Rechenvorgänge darstellt und damit keine Merkmale von Planung im engeren Sinne aufweist. Diese pragmatische Begriffsverwendung mag daher rühren, daß Produktionsplanung und -steuerung in der Praxis in erster Linie durch die dort entstandenen PPS Systeme bestimmt wird. Zudem finden sich in den Ingenieurwissenschaften Abgrenzungen von Planung und Steuerung, die von den betriebswirtschaftlichen Disziplinen fundamental abweichen [Kurbel, Meynert 88].

In der englischsprachigen Literatur wird zwischen Planung und Scheduling unterschieden: während ein Plan angibt, *was* gemacht und *wie* es gemacht wird, gibt ein Schedule an, *wann* es gemacht und *wo* (an welchen Arbeitsplätzen) es gemacht wird[1]. Natürlich sind diese beiden Funktionen voneinander abhängig; ein Schedule als zeitliche und örtliche Einplanung der Ressourcen kann nicht ohne vorausgehende Planung gemacht werden. Im folgenden werden mit dem Begriff Planung oder Maschinenbelegungsplanung immer beide Funktionen bezeichnet, es sei denn, es wird explizit zwischen dem Plan und einem Schedule unterschieden.

---

[1] Scheduling ist die Zuweisung von Zeiten und Aufträgen auf die Betriebsmittel.

Der Produktionsvorgang findet auf örtlich getrennten Arbeitsplätzen, in zeitlich aufeinanderfolgenden und unterschiedlich lang dauernden Operationen statt. Auf diese Weise entstehen Wartezeiten, Übergangszeiten, Rüstzeiten und Bearbeitungszeiten an den einzelnen Arbeitsplätzen, die geplant werden müssen. Die Festlegung und Planung dieser Zeiten und Termine obliegt der Terminplanung (Zeitwirtschaft)^2.

Bei der Rückwärtsterminierung geht man von einem vorgegebenen Endtermin aus und ermittelt den spätesten Starttermin. Bei der Vorwärtsterminierung geht man von einem vorgegebenen Starttermin aus und ermittelt den frühesten Endtermin (wichtig z.B. bei Eilaufträgen). Durch kombinierte Vorwärts- und Rückwärtsterminierung kann der späteste Start- und früheste Endtermin für jeden Vorgang ermittelt werden. Ein Zeitpuffer ("*slack*") ist die Zeitspanne zwischen frühestem und spätestem Termin.

Tabelle 2.1: Merkmale der Fließfertigung und Werkstattfertigung hinsichtlich Planungsaufgaben

Werkstattfertigung	Fließfertigung
1. an den meisten Maschinen treten Umrüstzeiten auf	keine bis geringe Umrüstzeiten
2. die Produkte befinden sich in (großen) Puffern vor und nach den Arbeitsplätzen	Fließbänder verbinden die Arbeitsplätze und dienen gleichzeitig als (kleine) Puffer
3. ein Produkt kann normalerweise durch alternative Maschinen bearbeitet werden	alle Produkte eines Auftrags haben die gleiche Maschinenbearbeitungsfolge
4. stärker variierende Bearbeitungszeiten	annähernd gleiche Bearbeitungszeiten
5. eher größere Lose	meist kleine Lose (bis zu Losgröße 1)

---

2 Die Methoden der Terminplanung sind die Durchlaufterminierung und die Kapazitätsterminierung. Die *Durchlaufterminierung* stellt eine Terminplanung ohne kapazitätsmäßige Beschränkungen dar. Die *Kapazitätsterminierung* stellt eine Terminplanung mit Kapazitätsbeschränkungen dar.

Im Rahmen der Auftragsfreigabe werden die Aufträge aus der Planungsphase in die Realisierungsphase überführt, d.h. sie gelangen in den Bereich der Produktionssteuerung. Innerhalb der Produktionssteuerung werden die freigegebenen Aufträge nach verschiedenen Kriterien angeordnet, wobei die verwendeten Kriterien (beispielsweise die Arbeitsplätze optimal zu nutzen) je nach Fertigungstyp (Werkstatt- bzw. Fließfertigung) unterschiedlich sind. Die wesentlichen Merkmale der beiden Fertigungstypen Fließfertigung und Werkstattfertigung sind, soweit sie den Aspekt der Planung betreffen, aus Tabelle 2.1 zu ersehen. Aus diesen Unterschieden der beiden Fertigungstypen ergeben sich unterschiedlich geartete Problemstellungen für die Planung:

Das *Planungsproblem in der Werkstattfertigung* besteht darin, eine Auftragsreihenfolge für die optimale Belegung der einzelnen Maschinen (Maschinenbelegungsproblem) zu berechnen[3]. Das Ergebnis der Planung ist der Maschinenbelegungsplan.

Das *Planungsproblem in der Fließfertigung* besteht darin, eine Auftragsreihenfolge zu finden, bei der die gesamte Fertigungslinie gleichmäßig belastet ist und kontinuierlicher Produktfluß erreicht wird. In der Fließfertigung mit ihren vielen, aber kapazitiv ausgeglichenen Arbeitsplätzen ist ein Belegungsplan wie in der Werkstattfertigung nicht sehr sinnvoll. Betrachtet man aber eine Fließfertigung als eine einzelne Maschine, die an ihrem Auflagepunkt optimal versorgt werden soll, so kann die Planung für die Fließfertigung auf das *Ein-Maschinenbelegungsproblem* zurückgeführt werden.

2.2 Lösungsverfahren der Maschinenbelegung
2.2.1 Taxonomie der Lösungsverfahren

Eine Planungsaufgabe heißt komplex, wenn sie entweder ein einzelnes komplexes Ziel oder aber eine Vielzahl von Teilzielen erfüllen muß. Das Problem der Berechnung günstiger Auftragsreihenfolgen ist ein Vertreter des letzteren. Angestrebtes Ziel ist die Erstellung von Plänen, die unter Berücksichtigung aller Randbedingungen möglichst günstig sind hinsichtlich einer Bewertungsfunktion. Eine Bewertungsfunktion ordnet jedem zulässigen Plan (=Reihenfolge) p aus der Menge der zulässigen Reihenfolgen P eine reelle Zahl $f(p)$ zu. Ein Plan p^* heißt dann optimal, wenn $f(p^*) > f(p)$ für alle Pläne $p \in P$ ist.

---

[3] Die Maschinenbelegung umfaßt auch die Bestimmung des Produktverhältnisses (Losgröße, Mix).

Die Berechnung günstiger Reihenfolgen ist eine Instanz der Klasse der Maschinenbelegungsprobleme. Rodammer nennt fünf wichtige Eigenschaften, die in typischen Maschinenbelegungsproblemen auftreten (Möglichkeiten zur Umplanung, Berücksichtigung von Losgrößen und Umrüstkosten, Berücksichtigung von ungeplanten Ereignissen und Störungen sowie das Routingproblem). Für ihn sollten diese Eigenschaften in einem allgemein verwendbaren Planungssystem vorhanden sein. Er schränkt jedoch ein, daß es unwahrscheinlich ist, solche Systeme erstellen zu können, da sie doch an ihrer eigenen Schwerfälligkeit und Langsamkeit scheitern würden. Ein wirklich benutzbares und brauchbares Planungssystem müsse sich deshalb auf wenige und für die Anwendung wirklich notwendige Eigenschaften konzentrieren [Rodammer et al 88]. Bücher über die Maschinenbelegung wie [Baker 74], [Johnson et al 74], [Convay et al 76], [Coffmann 76] und [French 82] geben einen guten Überblick über die frühen Arbeiten zur Maschinenbelegung.

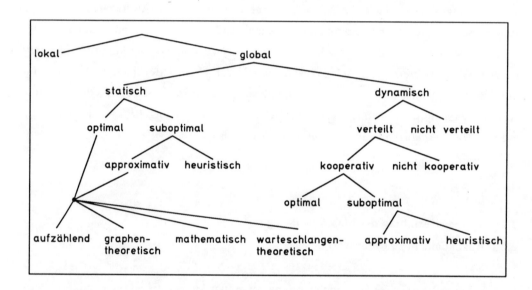

Bild 2.1: Taxonomie der Lösungsverfahren

Das Maschinenbelegungsproblem kann auch als Instanz des allgemeinen verteilten Ressourcenmanagements betrachtet werden, das aus den drei Komponenten *Verbraucher*, *Ressourcen* und *Verteilstrategie* besteht. Mit dieser Sichtweise ist die Maschinenbelegung der Vorgang, die Verbraucher gemäß der Verteilstrategie effizient und effektiv auf die Ressourcen zuzuteilen. In der industriellen Produktion entsprechen die Produktionsaufträge den Verbrauchern, die Maschinen den Ressourcen und z.B. der Wunsch nach einer gleichmäßigen Betriebsmittelauslastung der Verteilstrategie.

Casavant und Kuhl erstellten eine Taxonomie der Lösungsverfahren des verteilten Ressourcenmanagements (Bild 2.1) und damit des Maschinenbelegungsproblems in seiner allgemeinen Form, um

- die inkonsistente und teilweise widersprüchliche Terminologie des Ressourcenmanagements zu vereinheitlichen
- verschiedene Systeme zur Maschinenbelegung anhand ihrer hervorstechenden Merkmale durch ihre Stellung in dieser Taxonomie vergleichen zu können

Diese Taxonomie ist Nachfolger der hierarchischen Taxonomie von [Casey 81] und im Vergleich zu ihr um viele neue Merkmale erweitert. Die in Bild 2.1 gezeigte Taxonomie bleibt so lange wie möglich hierarchisch. Im Rahmen dieses Abschnitts sollen nicht alle Lösungsverfahren dieser Taxonomie beschrieben werden: das vollziehen Casavant und Kuhl ausführlich am Beispiel eines verteilten Rechnersystems [Casavant, Kuhl 88].

Zwei wesentliche Unterscheidungskriterien sollen allerdings hervorgehoben werden:

1. Statische und dynamische Verfahren
Statische Lösungsverfahren der Maschinenbelegung gehen von der Annahme aus, daß zum Zeitpunkt der Planung sämtliche relevanten Daten vorliegen. Als Ergebnis erstellen sie einen Plan für alle zu erledigenden Aufgaben im Planungszeitraum. Dynamische Lösungsverfahren machen die realistischere Annahme über a priori Unsicherheit und planen die zu erledigenden Aufgaben nur soweit, wie es zum aktuellen Zeitpunkt erforderlich ist. Die weiter in der Zukunft liegenden Termine werden zwar grob geplant, aber noch nicht endgültig festgelegt.
Wie im ersten Kapitel festgestellt wurde, existiert im Produktionsbereich a priori ein hohes Maß an Unsicherheit. Durch Maschinenausfälle oder Fehlen von Material und Personal entstehen Störungen, die quantifiziert und in einem neuen Plan berücksichtigt werden müssen. Aus diesen Gründen sind die statischen Lösungsverfahren kein adäquates Hilfsmittel zur Maschinenbelegung und scheiden von vornherein aus.

2. Optimale, approximative und heuristische Verfahren
Optimale Lösungsverfahren sind dynamische Programmierung, Ganzzahlprogrammierung sowie lineare Programmierung mit den bekannten Suchtechniken Branch & Bound sowie Kürzeste-Pfad Suche [Baker 76]. Optimale Lösungsverfahren betrachten die Maschinen-

belegung als mathematisches Problem und sie garantieren, da sie den gesamten Lösungsraum untersuchen, stets optimale Lösungen. Beim klassischen Vertreter, dem Travelling-Salesman Problem, wird die Hauptschwierigkeit deutlich: die Bewältigung der *kombinatorischen Explosion* des Lösungsraumes. Gute und effiziente Algorithmen existieren für eine kleine Klasse von Maschinenbelegungsproblemen. Gut heißt in diesem Zusammenhang, daß die Anzahl der Schritte in diesen Algorithmen nach oben durch eine polynomiale Funktion von einem Eingangsparameter beschränkt ist. Die große Klasse der übrigen Maschinenbelegungsprobleme ist NP-vollständig [Horowitz, Sahni 81]. Da es sehr unwahrscheinlich ist[4], daß es Algorithmen gibt, die ein NP-vollständiges Problem in polynomialer Zeit lösen (es sei denn, P=NP), sind die bislang gefundenen mathematischen Lösungsverfahren bedauerlicherweise aufgrund des Rechenaufwands nur begrenzt für Probleme praxisrelevanter Größenordnungen geeignet.

Neben den Laufzeitproblemen der mathematischen Verfahren treten auch *Repräsentationsprobleme* für die Anwendung im Bereich der Maschinenbelegung hinzu. In der linearen Programmierung beispielsweise werden sämtliche Rand- und Nebenbedingungen und auch das Optimierungsziel als lineare Gleichung formuliert. Das Optimierungsziel ist meist nur einstellig, z.B.

- minimiere die Verspätung einzelner Aufträge ("*lateness*")[5]
- minimiere die Abweichung der Fertigstellungstermine einzelner Aufträge vom geplanten Endtermin ("*tardiness*")[6]
- minimiere die Bearbeitungszeit für alle Aufträge zusammen ("*makespan*")
- minimiere den mittleren Auftragsbestand (WIP, "*work in progress*")
- minimiere die Kosten ("*costs*")
- maximiere den Durchsatz ("*throughput*")

Mit linearen Gleichungen ist es schwierig zu formulieren, daß ein bestimmter Produktionsauftrag vor einem anderen ablaufen soll, oder daß ein Produktionsauftrag *entweder* Maschine-1 *oder* Maschine-2 benutzen soll. Optimale Verfahren können darüberhinaus nur gewählt werden, wenn sich das Produktionssystem durch ein mathematisches Modell

---
4   Dies ist eine ungelöste Frage aus der Algorithmentheorie.
5   lateness = Fertigstellungstermin - Ablieferungstermin (ist also negativ, wenn ein Auftrag zu früh fertig wird).
6   tardiness = lateness, wenn der Wert positiv ist, ansonsten Null.

einigermaßen realistisch abbilden läßt. Für die vielen Planungsaufgaben im kurzfristigen Bereich der Produktionssteuerung lassen sich allerdings häufig keine realistischen Modelle finden, da es zu viele Einflußgrößen gibt, die auch noch zusätzlich stark schwanken können.

Das soll nicht heißen, daß die Forschungsbemühungen zum Verbessern dieser optimalen Lösungsverfahren unnütz sind: viele Lösungsmodelle der optimalen Verfahren können in den approximativen Lösungsverfahren verwendet werden. Festzustellen bleibt jedoch eine *Lücke zwischen Theorie und Praxis*, d.h. trotz großer Anstrengungen fanden die gefundenen Algorithmen selten wirkliche Anwendung in der Produktion. King führt als Gründe dazu an, daß die mathematischen Verfahren, um mit den realen Problemen überhaupt umgehen zu können, von bestimmten vereinfachenden Annahmen ausgehen müssen, z.B. Verbot von sich überlappenden Produktionsschritten oder Negierung der Existenz von a priori Unsicherheit. Die aufgrund dieser Vereinfachungen berechneten Pläne können nicht mehr ohne weiteres in der realen Produktionsumgebung verwendet werden [King 76].

Nach Rickel bewegen sich die mathematischen Ansätze auch auf der falschen Abstraktionsebene. Er bemängelt die signifikante *semantische Lücke* zwischem dem Problem und der Problemrepräsentation und beklagt, daß es sehr schwierig sei, ein komplexes Produktionsproblem als System von linearen Gleichungen zu beschreiben. Darüberhinaus sei es dann aber beinahe unmöglich, diese Gleichungen in der sich stetig verändernden Produktionswelt auf dem aktuellen Stand zu halten [Rickel 88]. Wie Baker feststellt, gibt es darüberhinaus sehr wenige Situationen, in denen allgemein verwendbare optimale Lösungsverfahren bekannt sind [Baker 76]. Wird der Anspruch bezüglich Optimalität verkleinert und eine "gute" Lösung als ausreichend angesehen, werden die approximativen bzw. heuristischen Verfahren interessant. Gute Lösungen sind Lösungen, welche die optimale Lösung mehr oder weniger approximieren[7].

Approximative Lösungsverfahren benutzen meist ähnliche Lösungsmodelle wie die optimalen Verfahren. Im Unterschied dazu untersuchen sie nicht den ganzen Lösungsraum, sondern terminieren mit einer Lösung, die gemäß einem Zielkriterium nahe genug an der optimalen Lösung liegt. Einige Verfahren garantieren auch, daß der Abstand der approximierten von der optimalen Lösung kleiner als eine Schranke ϵ (ϵ-approximativ) ist.

---

[7] Das ist auch eine Idee in der KI: *"satisfier"* vs. *"optimizer"*.

Heuristische Lösungsverfahren sind Suchverfahren, die zwar nicht mit Sicherheit die optimale Lösung, häufig aber eine gute Lösung erreichen. Durch Anwendung geeigneter Auswahlkriterien (a priori Wissen) bezüglich der Charakteristiken der Verbraucher und Ressourcen wird der Lösungsraum systematisch auf diejenigen Pfade eingegrenzt, die höchstwahrscheinlich die gesuchte Lösung enthalten, wobei jedoch die optimale Lösung ausgegrenzt werden kann. Die Bewertung der Auswahlkriterien selbst ist dabei eine Ermessensfrage und kann meist nicht mathematisch begründet werden.

Zu den heuristischen Verfahren zählen z.B. die Strahlensuche (*"beam search"*), in der nur die besten Knoten weiterverfolgt werden (verwendet in [Fox 83] und [Ow 88]), der A* Algorithmus und viele andere. Gemeinsam ist allen heuristischen Verfahren eine Schätzfunktion zur Bestimmung des nächsten zu expandierenden Knotens im Suchraum. Eine umfassende Darstellung und Gegenüberstellung aller wesentlichen heuristischen Verfahren gibt [Pearl 84]. In der Reihenfolgeplanung zählen auch die Prioritätsregeln, die im Produktionsverlauf auftretende Konkurrenzsituationen (z.B. Warteschlangen vor einer Bearbeitungsstation) nach unterschiedlichen Kriterien lösen, dazu.

Die Grundlage der meisten Reihenfolgeberechnungen im Bereich von Endmontageprozessen[8] bildet die Arbeit von [Johnson 54]. Die dort veröffentlichte Optimalitätsbedingung umfaßt jedoch ausschließlich zweistufige Fließfertigungen und das Ziel einer Minimierung der gesamten Auftragsbearbeitungszeiten.

Gute heuristische Verfahren für größere Fließfertigungen wurden später entwickelt. Park bewertet verschiedene dieser Heuristiken bezüglich Auftragsbearbeitungszeiten [Park et al 84]. Gröflin entwickelt ein FAS Modell und einen FAS Algorithmus, der auf fortgesetztem Austauschen von Paaren der Produkte arbeitet [Gröflin et al 89]. Eine gute Übersicht über die mathematischen Lösungsverfahren (aus der linearen Programmierung) für FAS samt einem ausführlichen Literaturverzeichnis gibt [Smith-Daniels et al 88]. Darüberhinaus klassifizieren Gosh und Gagnon die mathematischen Verfahren zur Berechnung von ausgeglichenen Auftragsreihenfolgen für Endmontagelinien [Gosh, Gagnon 89].

---

8 In der englischsprachigen Literatur meist mit FAS (*"final assembly sequencing"*) bezeichnet.

2.2.2 Beispiel: Netzplantechnik

Die konzeptuelle Ähnlichkeit von Maschinenbelegungs- und Projektplanungsproblemen hat dazu geführt, die Lösungsverfahren des einen Bereichs auch in dem anderen anzuwenden. In diesem Abschnitt wird exemplarisch die Netzplantechnik als ein (nach der Taxonomie in Bild 2.1) graphenorientiertes Lösungsverfahren zur Lösung von Planungsaufgaben herausgegriffen, genauer vorgestellt und kritisch betrachtet.

Unter dem Oberbegriff Netzplantechnik werden die unabhängig voneinander entstandenen Netzplanungsverfahren CPM ("*critical path method*"), PERT ("*program evaluation and review technique*") und die später entstandenen Präzedenzdiagramme (z.B. PDM "*precedence diagramming method*") zusammengefaßt. Erste Anwendungen fanden Ende der fünfziger Jahre zur Planung großer Projekte statt. Eine Einführung in die Methoden der Netzplantechnik erfolgt an dieser Stelle jedoch nicht, dafür sei auf Götzke, Altrogge und Moder verwiesen, die im folgenden als Grundlage dienen [Götzke 72], [Altrogge 79] und [Moder et al 83].

Die Netzplanungsverfahren wurden schon auf allen Ebenen der industriellen Produktion, von der Grobplanung bis herab zur Planung auf der operativen Ebene, angewendet. Darüberhinaus werden sie auch häufig zur Projektplanung außerhalb des Produktionsbereiches herangezogen. Voraussetzung für ihre Anwendbarkeit ist dabei immer, daß sich ein Projekt in Aktivitäten mit dazugehörigen Anfangs- und Endzeiten unterteilen läßt, die in einem Netzwerk darstellbar sind.

Das Augenmerk der Netzplantechnik liegt auf der Berechnung quantitativer Daten (Kosten, Termine, Ressourcen) der Aktivitäten eines derart in einem Netzwerk dargestellten Projektes. Insbesondere sollen durch die Netzplantechnik *kritische Teilaktivitäten* erkannt werden. Teilaktivitäten werden als kritisch bezeichnet, wenn ihre erfolgreiche Durchführung aufgrund von Zeit- und Reihenfolgevorgaben gefährdet ist. Jedoch ist auch die Repräsentation eines qualitativen Überblicks über ein Gesamtprojekt eine Aufgabe der Netzplantechnik. Zwei Arten von Netzen sind zu unterscheiden: Pfeilnetze und Knotennetze.

1. Pfeilnetze

In Pfeilnetzen werden Vorgänge bzw. Aktivitäten, aus denen sich ein Projekt zusammensetzt, als gerichtete Kanten (Pfeile) dargestellt. Ihnen werden Kosten, z.B. die Dauer des Vorganges, zugewiesen. Knoten bedeuten Zustände in der Terminologie der Netzplantechnik. Typischerweise repräsentieren Knoten Beginn oder Ende eines Vorganges. Ein Knoten, von dem ein den Vorgang V repräsentierender Pfeil ausgeht, bedeutet: "Vorgang V steht vor seiner Ausführung". Der Knoten am Ende des Pfeiles V bedeutet: "Vorgang V ist beendet".

Da zeitliche Beziehungen nur indirekt durch das Stattfinden eines Vorganges ausgedrückt werden können, ist lediglich die zeitliche Beziehung "danach" problemlos ausdrückbar. Jedoch ist vielfach auch die Beziehung "gleichzeitig" nötig: Dafür werden sogenannte Scheinvorgänge verwendet. Übertragen auf das Netz bedeutet das: Es werden Pfeile eingefügt, die keinen Vorgang und keine Kosten repräsentieren. Scheinvorgänge verkomplizieren aber die Entwicklung eines Netzes und machen es schwieriger verständlich. Die zeitlichen Beziehungen zwischen Vorgängen sind nur anhand der dazwischenliegenden Ereignisse bestimmbar, sind also nicht explizit.

2. Knotennetze

In Knotennetzen wird jeder Vorgang durch einen Zeitpunkt repräsentiert. Jeder Knoten des Netzes repräsentiert üblicherweise den Anfang oder das Ende eines Vorgangs bzw. einer Aktivität. Gerichtete Kanten zwischen ihnen bedeuten einen zeitlichen Abstand, der durch eine Zahl angegeben wird. Damit sind in Knotennetzen die qualitativen Beziehungen "vorher", "danach" und "gleichzeitig" direkt durch ihre quantitative Ausprägung ausdrückbar.

Zeitliche Beziehungen bestehen allerdings lediglich zwischen den Zeitpunkten, die die einzelnen Vorgänge repräsentieren. Es können also etwa nur Aussagen über die Lage der Anfänge der Vorgänge zueinander getroffen werden. Nicht ausgedrückt werden können hingegen zeitliche Beziehungen zwischen ganzen Vorgängen, z.B. das zeitliche Enthaltensein eines Vorganges in einem anderen.

Ein Schwachpunkt der Netzplantechnik ist, daß zur Berechnung eines Plans von vornherein Quantitäten benötigt werden, d.h. Beziehungen können nicht abstrakt dargestellt werden. Es ist also nicht möglich, zunächst einen rein qualitativen (allgemeingehaltenen) Plan zu erzeugen und erst später darin quantitative Festlegungen zu treffen. Dadurch können allgemeine zeitliche Gesetzmäßigkeiten innerhalb der Netzplantechnik nicht formuliert und automatisch angewendet werden.

Im Netzplanverfahren CPM gibt es keine Möglichkeit, die Unsicherheit in der Produktionsumgebung zu modellieren. Beispielsweise wird eine Aktivität, die eine erwartete Dauer von 5 Stunden hat, aber zwischen 4 und 6 Stunden schwanken kann, genauso behandelt und modelliert wie eine andere Aktivität, die ebenfalls eine erwartete Dauer von 5 Stunden hat, aber zwischen 1 und 10 Stunden schwanken kann. Es ist offensichtlich, daß ein solches Verhalten den Anforderungen einer just-in-time Logistik (vgl. Abschnitt 2.3.3) nicht genügen kann.

Im Netzplanverfahren PERT gibt es ein statistisches Verfahren, um mit Unsicherheit umzugehen. Jede Aktivität kann darin mit den drei Attributen kürzeste ("*optimistic*"), wahrscheinlichste ("*most likely*") und längste ("*pessimistic*") Dauer beschrieben werden, um mit der damit festgelegten Spanne Unsicherheit ausdrücken. Als Ergebnis werden dann ebenfalls solche Ergebnistripel berechnet. In Planungsläufen mit vielen Aktivitäten kann dieses Ergebnistripel aber mehr oder weniger nutzlos sein, da die minimale bzw. maximale Dauer extrem weit auseinanderliegen können und damit zwangsläufig aussagelos werden [Moder et al 83].

Die Frage nach der Konsistenz von Plänen wird in der Netzplantechnik fast vollständig ausgespart. Aufgrund der oben beschriebenen geringen Ausdrucksmöglichkeiten ist das auch nicht verwunderlich: Lediglich durch zyklische "danach" Beziehungen kann Inkonsistenz auftreten, was auch erkannt wird. Die Netzplantechnik erlaubt es zwar, mögliche zeitliche Präzedenzen auszudrücken, jedoch lassen sich *kapazitive Randbedingungen* der Ressourcen nicht ausdrücken ("*time-only method*"). Die Netzplantechnik geht immer von unbegrenzter Kapazität aus, d.h. eine Maschinenbelegung unter vorgegebenen Ressourcen-Randbedingungen ist ohne Erweiterungen nicht möglich. Als Folge dieser Eigenschaft können Pläne entstehen, die nicht durchführbar sind [Moder et al 83].

Die hier skizzierten Eigenheiten der Netzplantechnik lassen es fraglich erscheinen, inwiefern sie geeignet ist zur Erzeugung von Maschinenbelegungsplänen, die

1. sich aus vielen Teilschritten zusammensetzen, die zueinander in komplizierteren Beziehungen stehen als der reinen Aufeinanderfolge (z.B. Überlappungen),

2. Randbedingungen über zeitliche Gegebenheiten von vornherein berücksichtigen und
3. konsistent, also durchführbar, sind.

2.3 Konventionelle Produktionssteuerung (Methoden)

Das richtige Teil zur richtigen Zeit am richtigen Ort zu haben, so könnte man die Bemühungen aller Methoden der Produktionssteuerung in einem Satz skizzieren. Durch die unterschiedlichen Fertigungstypen (Werkstatt- bzw. Fließfertigung) entwickelten sich jedoch unterschiedliche Methoden, die in den folgenden Abschnitten kurz vorgestellt werden sollen. Der Anspruch einiger dieser Methoden (z.B. MRP, Kanban) geht jedoch weit über die eigentliche Produktionssteuerung hinaus und umfaßt auch zahlreiche Funktionen der Produktionsplanung.

Eine ausführliche und sehr verständliche Darstellung der wichtigen Methoden geben [Browne et al 89]. Einen *qualitativen* Vergleich dieser Methoden geben z.B. Busch und Rose, während Aggarwal eine sehr kritische Beurteilung und Infragestellung der ihrem Einsatz zugrundeliegenden Konzepte abgibt [Busch 87], [Rose, Stengel 88], [Aggarwal 85]. In diesem Zusammenhang sind auch die Arbeiten von Grünwald zu berücksichtigen. Statt eines qualitativen Vergleiches entwickelt er einen Rahmen, in dem die verschiedenen Steuerungsmethoden *quantitativ* verglichen werden, um die Frage, welche Steuerungsmethode in welcher Produktionssituation die angemessenste ist, besser beantworten zu können. Dazu entwickelt er den Begriff *Dominanzregion* für die wesentlichen Produktionssteuerungsmethoden. Eine Dominanzregion ist eine Region in einem mehrdimensionalen Raum, der durch repräsentative Variablen (z.B. Produkt- und Prozeßkomplexität, konstante oder schwankende Unsicherheit über die Marktentwicklung) aufgespannt wird.

2.3.1 MRP

MRP ("*material requirements planning*") ist das klassische Verfahren zur Terminierung und Freigabe von Fertigungsaufträgen. Das Verfahren läuft wie folgt ab: Ausgehend vom Primärbedarf, den Stücklistenauswertungen und den Durchschnittsbearbeitungszeiten wird ein Produktionsplan terminmäßig erstellt. Die Fertigungsaufträge werden freigegeben, sobald die benötigten Ressourcen als verfügbar gemeldet werden und das Freigabedatum erreicht ist. Wesentliche Mängel dieses Verfahrens sind:

Bei der Terminierung der Fertigungsaufträge werden die Durchschnittsbearbeitungszeiten der Arbeitsplätze in der Annahme verwendet, daß sich statistische Schwankungen dieser Zeiten herausmitteln werden. In der Fertigungspraxis bestätigt sich diese Annahme häufig nicht, und ein durch Störungen entstandener Auftragsverzug führt zu Verschiebungen in den nachfolgenden Aufträgen und damit zu einer geringen Überdeckung von SOLL-Planungsdaten und IST-Fertigungsdaten.

Die MRP Logik der Rückwärtsterminierung ist nicht kapazitätssensitiv, d.h. es wird unter der Annahme geplant, daß keine Kapazitätsrandbedingungen existieren. Als Folge können Produktionspläne entstehen, die größeren Bedarf an Ressourcen haben als zur Verfügung stehen [Kamenetzky 85]. Zur Behebung dieser Schwäche werden zwar Zusatzfunktionen (MRP Modul CRP, "*capacity requirements planning*") angeboten, die diese Über-/Unterbelastungen anzeigen. Gleichwohl wird keine Hilfestellung zur Durchführung eines kapazitiven Abgleichs angeboten.

Die Freigabe der Fertigungsaufträge erfolgt auf Basis der Verfügbarkeit der Ressourcen. Die Verfügbarkeitsprüfung erstreckt sich aber lediglich auf Material und nicht auf Kapazitäten. Sobald das Freigabedatum erreicht ist und das Material als vorhanden gemeldet wird, werden die Fertigungsaufträge freigegeben, ohne die aktuelle Fertigungssituation weiter zu berücksichtigen. Als Folge ergeben sich überhöhte Zwischenlagerbestände und wachsende mittlere Durchlaufzeiten [Aggarwal 85].

Die großen Datenmengen und die von ihr verlangte Genauigkeit erfordern strenge Disziplin von allen Benutzern eines MRP Systems: alle Dateneingaben müssen korrekt und regelmäßig erfolgen. Eine informelle Handhabung von Daten, und sei es auf der Meisterebene, führt leicht zu Fehlern, die sich akkumulieren.

MRP II ("*manufacturing resource planning*") ist ein weiter gefaßter Ansatz als MRP. Er verbindet die oben beschriebenen MRP Funktionen mit den Unternehmenszielen über eine eine zentrale Datenbank, welche die Daten und Ziele der verschiedenen Abteilungen des Unternehmens (Marketing, Finanzen, Produktion, usw.) beschreibt. Durch Bewertung dieser (häufig konkurrierenden) Ziele sollen die globalen Unternehmensziele einerseits und die abteilungsspezifischen Prioritäten auf diesen Zielen andererseits verfolgt werden. Die Nachteile dieses MRP II Verfahrens werden insbesondere von Kamenetzky gut dargestellt. Gleichzeitig macht er auch Vorschläge zur funktionalen Erweiterung von MRP II zu *"smart scheduling systems"* [Kamenetzky 85].

MRP und MRP II sind gut geeignet für die Bereiche Massenproduktion und die reine Fließfertigung, die für ihre kapazitiv aufeinander abgestimmten Arbeitsplätze keine aufwendige Maschinenbelegungsplanung benötigen. In allen anderen Fällen stört der Ansatz der genauen Planung, der zuwenig Raum für ein Ausregeln kapazitiver Schwankungen übrigläßt.

2.3.2 Fortschrittszahlen

Die Methode der Fortschrittszahlen stammt aus der Automobilindustrie und wird in der Großserienfertigung seit langem verwendet [Heinemeyer 84]. Das Prinzip beruht darauf, den Bedarf (Bauelemente oder -gruppen) für die zu fertigenden Produkte einer Planperiode als *integrale SOLL-Größe* zu kumulieren und zeitbezogen darzustellen. Dazu wird ein Mengen-Zeit Koordinatensystem gewählt, in dem die Bedarfsmengen über der Zeitachse aufgetragen werden. Die entstehende Kurve dient dem Zulieferer als SOLL-Lieferplan.

An jedem der als *Kontrollbereich* festgelegten Fertigungsbereiche wird die im Lauf der Fertigung abgehenden Teile (*integrale IST-Größe*) mit Hilfe der Fortschrittszahl gezählt. Daraus läßt sich eine Abgangskurve zeichnen, die den Arbeitsfortschritt nicht in Stunden, sondern in Stück, eben der Fortschrittszahl zeigt.
Aus dem Vergleich der SOLL-Fortschrittszahlen und der täglich rückgemeldeten IST-Fortschrittszahlen kann sofort ein Rückstand oder ein Vorlauf in Tagen und in Stück abgelesen werden: übersteigt bei einem Vergleich der Verlauf der IST-Kurve die SOLL-Kurve, liegt ein Vorlauf, ansonsten ein Rückstand vor.

Voraussetzung für eine Produktionssteuerung nach Fortschrittszahlen ist eine Aufstellung der Arbeitsplätze nach dem Flußprinzip, wobei die zu fertigenden Teile über längere Zeit hinweg (Wochen) praktisch unverändert zu fertigen sind. Die Planung der Materialbedarfe erfolgt nicht aus vorliegenden Kundenaufträgen mithilfe einer Stücklistenauflösung, sondern beruht darauf, daß der Bruttobedarf für einen längeren, in der Regel auf der Grundlage von Verträgen abschätzbaren Zeitraum, festgelegt wird. In der Praxis ist dies aber nur noch in wenigen Bereichen der Industrie gegeben.

Der Vorteil einer Steuerung nach Fortschrittszahlen liegt in der integralen Betrachtung von Eingang und Ausgang der einzelnen Kontrollbereiche sowie in der einfachen Steuerung durch den Vergleich der SOLL-Fortschrittszahlen mit den IST-Fortschrittszahlen. Da die Methode der Fortschrittszahlen lediglich eine besondere Systematik in der zentralen Produktionsplanung und -steuerung darstellt, ist die effiziente Funktion dieser Methode auf das Vorhandensein eines zuverlässigen Betriebsdatenerfassungssystems im kurzfristigen Bereich angewiesen.

2.3.3 Kanban

Kanban wurde vom japanischen Automobilhersteller Toyota Ende der siebziger Jahre entwickelt [Wildemann 84]. Ziel von Kanban ist, den Materialfluß einer Produktionsanlage nach dem Supermarktprinzip zu organisieren, d.h. ein Artikel wird dem Lager entnommen, die Lücke wird festgestellt und der Artikel wird wieder aufgefüllt.

Die Betonung des Verfahrens liegt auf dem kontinuierlichen Fließen des Materials mit Hilfe von vermaschten, sich selbst steuernden, dezentralen *Regelkreisen* zwischen materialerzeugenden und materialverbrauchenden Fertigungsstellen. Jedem Regelkreis (einer organisatorisch festgelegten Fertigungsstelle) ist ein Bestandspuffer mit einem festgelegten Mindestbestand vorgelagert. Wenn der Bestand unter diesen festgesetzten Mindestbestand fällt, löst der Materialverbraucher beim Materialerzeuger mittels einer standardisierten Bestellkarte (=Kanban) einen Auftrag mit einer ebenfalls definierten Menge zu einem von ihm definierten Bestelltermin aus (rückwärtslaufende Informationsflußkette bei vorwärtslaufender Materialflußkette).

Der Materialerzeuger beginnt erst nach dem Eintreffen der Bestellkarte mit der Herstellung der in der Bestellkarte festgelegten Menge und liefert diese in 100% einwandfreier Qualität (*"zero defect"* mittels *"total quality control"*) in einem standardisierten Behälter zum verlangten Termin an den Materialverbraucher. Hervorstechendes Merkmal ist das Hol- oder Ziehprinzip (der Materialverbraucher holt seinen Bedarf beim Materialerzeuger). Dieses Holprinzip setzt sich bis zur Einkaufsabteilung fort, die den nicht gedeckten Bedarf bei einem externen Lieferanten decken muß [Wildemann 84]. Wichtig ist die Veränderung der Mentalität vom "Bringen" zum "Holen" von Leistungen. Der Verbraucher muß das Vorhandensein von Materialien anstoßen und dieses führt von der Passivität in erzwungene Aktivität.

Die organisatorischen Regeln von Kanban sind demnach, daß jeder einzelne Verbraucher nicht vorzeitig und nur die aktuell benötigte Materialmenge anfordert, und daß der Erzeuger nicht mehr als angefordert herstellt und nur einwandfreie Ware zum Verbraucher weiterleitet. Kanban ist eine verbrauchsorientierte Disposition. Bei großen Bedarfsschwankungen (ca. ± 10% und mehr) und langen Vorlaufzeiten muß es um eine bedarfsorientierte Disposition ergänzt werden. Kanban ist besonders geeignet in Fertigungen mit hoher Wiederholhäufigkeit, großer Verbrauchsstetigkeit, geringer Fertigungstiefe und ausgeglichener Kapazität.

Im Zusammenhang mit der Kanban Methode wird häufig der Begriff JIT ("*just-in-time*") verwendet. JIT ist als Zielsetzung zu verstehen, die pünktliche Anlieferung der bestellten Produkte bedarfsgesteuert zu erreichen, während Kanban als ein Hilfsmittel zur Erreichung dieser Zielsetzung zu sehen ist. JIT ist, wie viele Veröffentlichungen zeigen, nicht eindeutig, sondern wird einmal als Produktion ohne Läger und ein anderes Mal als exakte Einhaltung von Endterminen verstanden. Dabei bedeutet just-in-time im japanischen Sinne eine präzise funktionierende Arbeitsorganisation, die ihre Leistungen in der geforderten Menge und Qualität zur rechten Zeit erstellt. Niedrige Läger sind nur ein Hilfsmittel dazu und keine Forderung an sich. Hauptforderung ist die Harmonisierung aller Teilaufgaben, die von den verschiedenen Abteilungen wie Einkauf, Verwaltung, Vertrieb etc. wahrgenommen werden. Es ist außerordentlich schwer, just-in-time nur innerhalb einer Firma ablaufen zu lassen. Zu einem erfolgreichen Einsatz muß sie meist auf alle wichtigen Vorlieferanten ausgedehnt werden. Die Anzahl der Firmen, die just-in-time praktizieren, ist auch in Japan gering und gemessen an der Gesamtbedeutung für die japanischen Erfolge fällt sie nicht stark ins Gewicht.

2.3.4 OPT

OPT ("*Optimized Production Technology*") wurde in Israel und in den USA 1979 entwickelt und war eine der ersten Methoden, die sowohl Material als auch Kapazität plante [Fox 82] [Goldratt 88]. Sekundäre Darstellungen dieser Methode geben [Lundrigan 86] und [Vollmann 86].

OPT stellt nur die Funktionen des Scheduling zur Verfügung. Grundlage der OPT Planungssystematik stellt die Überlegung dar, durch die Identifikation und optimale Auslastung von Engpaßbetriebsmitteln eine Verbesserung der durchschnittlichen Produktivität aller übrigen Betriebsmittel und damit eine Steigerung der Kapazität, verbunden mit einer Senkung der Auftragsdurchlaufzeiten und des Arbeitsbestandes zu erreichen. Die Basis der OPT Methode bilden im wesentlichen die folgenden Regeln:

1. Der Produktfluß und nicht die Kapazität muß ausgeglichen werden.
2. Eine an einem Engpaß verlorene Stunde ist eine verlorene Stunde für die gesamte Produktionsanlage.
3. Eine an einem Nichtengpaß eingesparte Stunde Rüstzeit ist belanglos und erhöht nur den wartenden Arbeitsbestand an den Engpässen.
4. Der Durchsatz am Engpaß bestimmt den Gesamtdurchsatz.

Die OPT Arbeitsweise ist die folgende: Die gesamte betriebliche Situation (Produktions- und Materialflußsystem) wird in einem Netzwerk abgebildet, in denen die Interaktionen zwischen allen kapazitätsrelevanten Einflußgrößen dargestellt sind. Dieses Netz wird mit den anstehenden Produktionsaufträgen überlagert. Die sich anschließende Kapazitätsuntersuchung teilt das Netzwerk in zwei Teilnetze auf: in ein *nichtkritisches* Teilnetz vor dem Engpaß und in ein *kritisches* Teilnetz nach dem Engpaß. Die nicht vermeidbaren Engpässe werden zu 100% belegt und bestimmen den maximal möglichen Durchsatz.

Am Engpaß werden die Fertigungsaufträge so geplant, daß sie optimal (z.B. rüstkostenminimal) für den Engpaß sind. Die Aufträge für das nichtkritische Teilnetz werden rückwärts terminiert, um den Starttermin zu bestimmen. Die Aufträge im kritischen Teilnetz werden vorwärts terminiert, um den Zeitpunkt der frühesten Fertigstellung zu erhalten. Das so berechnete Auftragsnetzwerk ist unbedingt einzuhalten: eine kleine Änderung im kritischen Teilnetz erfordert eine komplette Neuberechnung. OPT erlaubt auch die Vorgabe unterschiedlicher Optimierungsziele, die sich beispielsweise auf die Minimierung von Rüstkosten unter Inkaufnahme längerer Durchlaufzeiten oder umgekehrt (mit jeweiliger Anpassung der Transportlosgrößen) beziehen.

OPT erhebt den Anspruch, optimale Pläne zu berechnen, wobei der Transparenz und Nachvollziehbarkeit dieser Pläne keine Bedeutung zugemessen wird. Einige Autoren zweifeln schließlich an der Leistungsfähigkeit und Neuartigkeit von OPT und weisen darauf hin, daß eine engpaßorientierte Planung schließlich schon wesentlich länger bekannt ist. Der Einsatz von OPT erfordert eine vorbeugende Instandhaltung, hohe Datenqualität in den Arbeitsplänen und den verfügbaren Kapazitäten sowie eine laufende Abweichungsanalyse. Stärkeren und häufigen Schwankungen unterworfene Teile einer Produktionsanlage können mit der OPT Methode nicht optimal beplant werden, da in diesem Fall die Engpaßbetriebsmittel ebenfalls schwanken und eine stark engpaßorientierte Arbeitsweise wie die von OPT stören.

2.3.5 Belastungsorientierte Auftragsfreigabe

Die belastungsorientierte Auftragsfreigabe (BOA) wurde am Institut für Fabrikanlagen der Universität Hannover entwickelt [Wiendahl 87]. Ziel der Methode ist es, den mittleren Bestand vor einer sogenannten *Belastungsgruppe* (ein Arbeitsplatz oder eine Gruppe technologisch gleichartiger Arbeitsplätze) möglichst konstant zu halten.

Jede Belastungsgruppe stellt man sich dabei als einen Trichter vor, an dessen Eingang sich eine bestimmte Menge an Aufträgen einstellt (*Trichtermodell*). Die Füllhöhe des Trichters kennzeichnet den wartenden Auftragsbestand vor der Belastungsgruppe. BOA versucht, das Fertigungssystem so mit Aufträgen zu belasten, daß einerseits die Trichter möglichst niedrig gefüllt sind, andererseits aber auch nicht leerlaufen, denn das bedeutete eine Unterbelastung der Belastungsgruppen.

Das Kernstück von BOA ist die Belastungsrechnung. Es wird hierbei unterschieden zwischen direkten und indirekten Belastungsteilen. Der *direkte Belastungsteil* liegt direkt vor der entsprechenden Belastungsgruppe in Form von Auftragsmenge * Stückzeit. Der *indirekte Belastungsteil* einer Belastungsgruppe ergibt sich durch die Aufträge, die zukünftig von ihr zu bearbeiten sind. Je näher diese Aufträge an die Belastungsgruppe kommen, desto größer werden die von ihnen ausgehenden indirekten Belastungsteile. Um eine Unterbelastung aufgrund zu geringer direkter Belastungsanteile, die aus direkt vor der Belastungsgruppe wartendem Arbeitsbestand resultieren, zu vermeiden, wird ein Vielfaches an Aufträgen bezüglich der möglichen Leistung der Belastungsgruppe freigegeben. Zu diesem Zweck wird von der mittleren verfügbaren Kapazität der Belastungsgruppe ausgegangen und eine Belastungsschranke gebildet, die den Bestand an freigegebenen Aufträgen nach oben begrenzt.

Die Idee der Auftragsfreigabe ist, nur so viele Aufträge aus dem wartenden Auftragsbestand freizugeben, wie an den einzelnen Belastungsgruppen innerhalb des Planungshorizontes abgearbeitet werden können. Dazu werden im ersten Freigabeschritt die dringlichen Aufträge der Reihe nach eingelastet. Nicht vorgesehen ist dabei eine Splittung von großen Losen, d.h. ein Auftrag hat immer eine fixe Losgröße und es gibt insbesondere keine Teilaufträge. Überschreitet die Einlastung eines Auftrags die Belastungsschranke einer Belastungsgruppe, wird dieser Auftrag noch angenommen, alle weiteren Aufträge für diese Belastungsgruppe jedoch abgewiesen, da die Belastungsschranke jetzt überschritten ist. Nachdem alle dringlichen Aufträge eingelastet worden, und falls Belastungsschranken noch nicht überschritten worden sind, werden im zweiten Freigabeschritt die nichtdringlichen Aufträge nach dem gleichen Verfahren eingelastet. Die eingelasteten Aufträge werden von der Belastungsgruppe nach der FIFO Regel (ohne weitere Prioritätsregeln) abgearbeitet.

BOA ist gut geeignet für die Werkstattfertigung, gut verständlich und verkleinert in der Regel den freigegebenen Arbeitsbestand. Wenn viele Arbeitsgänge je Auftrag notwendig sind, birgt die Steuerung mit BOA einige Probleme in sich: die Berechnung der indirekten Belastungsanteile einer Belastungsgruppe wird bei längeren Arbeitsfolgen immer ungenauer. Da lediglich die FIFO Strategie als Abarbeitungsregel vorgesehen ist, führen Fertigungsstörungen dazu, daß der wartende Auftragsbestand einige Aufträge blockieren kann. Außerdem ist noch zu berücksichtigen, daß das Trichtermodell von BOA nur dann Gültigkeit hat, wenn im betrachteten Zeitraum immer ein Bestand vorhanden ist, wenn der Mittelwert des Bestands sich nicht wesentlich verändert und wenn keine Reihenfolgevertauschungen der Aufträge stattfinden. "Je weniger diese Bedingungen gegeben sind, desto ungenauer ist die Trichterformel und man muß gegebenenfalls zum Hilfsmittel der Simulation oder zu speziellen Warteschlangenmodellen greifen." [Wiehndahl 87, S. 124].

2.3.6 Bestandsgeregelte Durchflußsteuerung

Die bestandsgeregelte Durchflußsteuerung (BGD) ist eine Synthese von OPT (Abschnitt 2.3.4) und BOA (Abschnitt 2.3.5) [Busch 87, 89]. Das Verfahren führt zuerst eine Durchlaufterminierung mit Kapazitätsabgleich durch. Dabei werden die Engpaßbetriebsmittel mit 100% ausgelastet, während die übrigen Betriebsmittel nur soweit ausgelastet werden, wie dies ein kontinuierlicher Materialfluß erfordert. Eine sich anschließende Vorwärtsterminierung dient zur Ermittlung des Endtermins. Die Starttermine der Arbeitsgänge werden mittels einer Rückwärtsterminierung bestimmt. Neben dem mittleren Bestand dient die Losgröße als zusätzlicher Parameter. Dazu untersucht BGD einen Auftrag auf Splittungsmöglichkeiten und ermittelt eine optimale, von der aktuellen Fertigungssituation abhängige Bearbeitungslosgröße.

BGD regelt den Bestand nach einem Arbeitsplatz (Vergleich BOA: vor einem Arbeitsplatz) zwischen einer voreingestellten minimalen und maximalen Bestandsgrenze. Dazu wird der jeweilige Bestand an jeder potentiellen Engstelle laufend erfaßt. Störungen verändern immer die Ausbringung eines Arbeitsplatzes. Wenn der Bestand nach einem Arbeitsplatz aufgrund einer Störung nicht abfließt, könnte die maximale Bestandsgrenze überschritten werden. Um das zu verhindern, sperrt die Arbeitsgangfreigabe den Materialzulauf zu diesem Arbeitsplatz. Sollte die Störung längere Zeit anhalten, setzt sich diese Sperrung von Materialzulauf entgegen dem Materialfluß weiter fort. Stellgröße in der bestandsgeregelten Durchflußsteuerung ist nicht nur (wie in BOA) die Auftragsfreigabe, sondern die laufende Arbeitszuteilung an den einzelnen Arbeitsplätzen.

2.4 Schwachstellen der konventionellen Produktionssteuerung

Die Planungskonzeption klassischer PPS Systeme, wie sie die Ablauforganisation von Produktionsunternehmen bestimmt, ist zentral orientiert. Der Anspruch dieser zentralistischen Konzeption, mit einem einheitlichen Ansatz alle Planungs- und Steuerungsprobleme von einer langfristigen Grobplanung bis zu einer fast minutengenauen Steuerung abzudecken, wird immer mehr in Zweifel gezogen. Schwachstellen im einzelnen sind:

Zu hoher Aufwand für die Feinplanung

Nach der Terminierung der Aufträge liegen die einzelnen Arbeitsgänge bis ins einzelne geplant in fester "optimierter" Reihenfolge vor. Kommt es bei derartigen, lückenlos angeordneten Auftragsfolgen zu Störungen (z.B. Maschinen-, Personalausfall, Qualitätsprobleme), verschieben sich alle nachfolgenden Arbeitsgänge und das aufwendig berechnete Termingefüge gerät durcheinander. Dergestalt fest geplante Produktionspläne haben oft nur eine Gültigkeit von Stunden. Arbeitsgänge sollten deshalb nicht punktgenau geplant, sondern auf Zeitabschnitte gelegt werden, die mit näherrückendem Entscheidungszeitpunkt und damit abnehmender Unsicherheit unter Offenhaltung alle Optionen ("*least commitment*") immer weiter verfeinert werden können ("*stepwise refinement*").

Fehlendes Kontrollsystem

Die Produktionsplanung beruht in der Regel auf den Daten der Vergangenheit (Erfahrungswerten) und den voraussichtlichen Entwicklungen der Zukunft (Erwartungswerten). Leider viel zu selten können PPS Systeme den aktuellen Zustand des Produktionssystems mitberücksichtigen, denn eine permanente Überwachung zur Ermittlung des IST-Zustandes gehört heute noch nicht zum Standardleistungsumfang. Aus einem verfolgenden SOLL-/IST- Vergleich ließen sich korrektive Maßnahmen entwickeln und auftretenden Planabweichungen frühzeitig entgegensteuern.

Zu langsame und keine unmittelbare Rückkopplung

Die heutigen MRP-basierten PPS Systeme sind eher steuernde als regelnde Systeme[9]: Planungsläufe werden in periodischen Programmläufen mit den bis dahin jeweils aufgelaufenen Daten durchgeführt. In diesem Fall können Abweichungen des tatsächlichen Produktionsverlaufes vom SOLL-Verlauf erst mit einiger Verzögerung berücksichtigt werden. Die Realität entwickelt sich in der Regel von dem im PPS System vorhandenen Modell der Realität weg. Deshalb müssen neue, für die Planung relevante Daten möglichst kurzfristig im Sinne einer Regelung an das PPS System rückgekoppelt werden können. Im übrigen werden die Anforderungen an Verfügbarkeit und Antwortzeitverhalten an die Produktionssteuerung mit kleiner werdenden Sicherheitsbeständen immer höher. Eine zentrale Planung ist in der Regel nicht flexibel genug, auf Probleme vor Ort angemessen zu reagieren.

---

9 Bei einem Steuerungssystem erfolgt im Gegensatz zu einem Regelungssystem keine unmittelbare Kopplung zwischen dem Setzen von Zielen und der Ergebnismessung.

Keine Möglichkeit, verschiedene Steuerungsprinzipien nebeneinander zu verwenden
Viele Fertigungssysteme sind weder rein als Fließfertigung noch rein als Werkstätte aufgebaut, sondern stellen Mischformen dar. Steuerungsaufgaben sind damit so heterogen, daß sie nicht mit einem einheitlichen Steuerungsprinzip abgedeckt werden können. Die gängigen PPS Systeme bieten jedoch nicht die Möglichkeit, die strukturmäßig unterschiedlichen Bereiche nach unterschiedlichen Prinzipien zu steuern, sondern stülpen allen Fertigungsmischformen die gleiche Strategie über.

Fehlende Simulationsmöglichkeiten
Die meisten der heute auf dem Markt angebotenen PPS Systeme bieten nur geringfügige Möglichkeiten zur Simulation von alternativen betrieblichen Situationen. Meist beschränken sich sich darauf, Kapazitätseinlastungsrechnungen mittels geschätzter Übergangszeiten durchführen zu könnnen. Dies stellt eher eine Art Sensitivitätsrechnung dar, die (entgegen der Darstellung der meisten PPS Hersteller) in keiner Weise mit einer wirklichen Simulation zu verwechseln ist bzw. eine solche ersetzen könnte. Mit einer fertigungsnahen Simulation könnten geplante Steuerungsmaßnahmen auf ihre Wirksamkeit und ihre Auswirkungen getestet und anschließend bewertet werden[10].

Geringe Möglichkeit zur Dezentralisierung der Steuerung
In der Fertigung können Probleme auftreten, die mit einem zentralen PPS System nicht gelöst werden können. Deshalb sollten zentrale Steuerungen aufgegeben und kleine selbständige Einheiten (mit Vernetzung) geschaffen werden, die ihre Instruktionen zwar von oben erhalten sollen, aber im Rahmen ihres definierten dispositiven Spielraumes auf Probleme vor Ort unabhängig entscheiden können.

Fehlende Transparenz
Ausgefeilte Planungsverfahren, die optimale Lösungen erzeugen, nehmen dem Fertigungssteuerer die Entscheidungen aus der Hand. Die so erzeugten optimalen, aber undurchsichtigen Lösungen können vom Fertigungssteuerer häufig nicht nachvollzogen werden und verkleinern ihre Akzeptanz. Das führt dazu, daß er bei Planabweichungen nicht angemessen reagieren kann, da die Auswirkungen seiner Entscheidung auf das Produktionsgeschehen nicht überschaubar sind.

---

10 Die Anforderungen an die Simulationstechnik werden u.a. in [Eversheim 88] und [Schmidt 87] aufgelistet.

Die beschriebenen Schwachstellen der konventionellen Produktionssteuerung haben zu einem Überdenken der klassischen Konzepte und zur Entwicklung neuer Verfahren geführt. Besonders hervorzuheben sind dabei die Verfahren aus der Künstlichen Intelligenz, die sich in der Feinplanungsphase und nahe dem tatsächlichen betrieblichen Geschehen angesiedelt haben.

2.5 Wissensbasierte Produktionssteuerung (Systeme)

Regelbasierte oder logikbasierte Systeme für die Maschinenbelegung, die man aus dem Bereich der Künstlichen Intelligenz erwarten würde, haben aufgrund ihrer *großen Laufzeitprobleme* keine große Bekanntheit errreicht. Dies beruht im wesentlichen darauf, daß das Maschinenbelegungsproblem durch einen kombinatorisch wachsenden Suchraum charakterisiert ist, regel- und logikbasierte Systeme aber wenig Möglichkeiten bieten, die Suche zu steuern und meist den gesamten Suchraum untersuchen müssen.

Ein Vertreter je eines regelbasierten bzw. eines logikbasierten Systems soll dennoch erwähnt werden. Das logikbasierte System von Parello arbeitet nach ähnlichen Resolutionsprinzipien wie PROLOG, besitzt aber Operatoren zur Manipulation von Mengen und die Erweiterungen Subsumption, Hyperresolution und Paramodulation aus der Prädikatenlogik zweiter Ordnung [Parello et al 86]. Das regelbasierte System von Bruno ist unter Verwendung von Produktionsregeln (OPS5) realisiert. Unter Berücksichtigung der aktuellen Fertigungssituation (z.B. Maschinenbelastung, Länge von Warteschlangen) und der Theorie der geschlossenen Warteschlangenmodelle wird über die Einschleusung eines Auftrages entschieden [Bruno et al 86]. In beiden Systemen wird von Laufzeitproblemen berichtet.

Im folgenden Abschnitt sollen nun zwei der bekannteren Planungssysteme für die Maschinenbelegung aus dem Bereich der Künstlichen Intelligenz mit ihren wesentlichen Merkmalen aufgeführt werden. Im Anschluß werden ihre Schwächen kurz diskutiert. Eine umfangreiche Übersicht über derartige KI Planungssysteme im Produktionsbereich samt einem Anforderungskatalog wird in [Steffen 86] und [Liebowitz, Lightfoot 87] gegeben.

2.5.1 ISIS/OPIS

Das System ISIS (*"Intelligent Scheduling and Information System"*) und sein Nachfolgesystem OPIS (*"OPportunistic Intelligent Scheduling system"*) sind Systeme zur Auftragsreihenfolgeplanung in der Werkstattfertigung und stammen von der Carnegie Mellon University. ISIS [FOX 83] formalisiert die verschiedenen Randbedingungen der Maschinenbelegung als Beschränkungen (*"constraints"*), die die Suche nach Lösungen führen (*"constraint-directed reasoning"*).

Die in ISIS repräsentierten Beschränkungen sind:

- unternehmerische Ziele (wie niedrige Bestände)
- Verfügbarkeitsbeschränkungen (wie die Verfügbarkeit von Maschinen und Material)
- kausale Beschränkungen (wie vorgeschriebene Bearbeitungsreihenfolgen)
- physikalische Beschränkungen (wie die Leistungsmerkmale der Maschinen)
- organisatorische Beschränkungen (wie alternative Arbeitsgänge und Maschinen)
- Präferenzen (wie niedrige Kosten, kurze Durchlaufzeiten, hohe Maschinennutzung)

Diese Beschränkungen werden durch einen über drei Ebenen laufenden Planungsprozeß propagiert. Allerdings wird der Begriff Beschränkung in ISIS nicht klar gehandhabt: im Normalfall bedeutet eine Beschränkung eine echte Verkleinerung des Suchraums. Neben Material- und Maschinenverfügbarkeiten sowie zeitlichen Randbedingungen werden in ISIS auch Präferenzen und organisatorische Ziele als Beschränkungen bezeichnet. Die letzteren sind aber *keine wirklichen Beschränkungen*, da sie die Menge der möglichen Lösungen nicht einschränken, sondern lediglich eine Art Auswahlfunktion[11] darstellen. Eine Reimplementierung in KEE hieß ISIS II und wurde testweise zur Planung in der Turbinenfertigung (Westinghouse, USA) verwendet. Zu einem Einsatz kam es nicht, da ISIS erhebliche Laufzeitprobleme hatte und nach kurzer Zeit nicht mehr benutzt wurde (Abschnitt 2.5.3).

Das ISIS Nachfolgersystem heißt OPIS [Smith, Ow 85]. Es stellt eine Verbesserung der Repräsentations- und der Laufzeitprobleme von ISIS dar, indem

---

11 z.B.: wähle aus der Menge der möglichen Lösungen diejenige aus, die zu niedrigen Kosten, niedrigem Materialbestand und hoher Maschinennutzung führt.

- der Schlußfolgerungsmechanismus durch Verwendung einer blackboard Struktur [Hayes-Roth 85] flexibler wurde
- Pläne unter zwei Sichtweisen, nämlich der ressource-basierten und der (bereits in ISIS verwendeten) auftragsbasierten Sichtweise berechnet werden können.

Über den Stand der Entwicklungsarbeiten an OPIS kann aufgrund der vorliegenden Veröffentlichungen nichts vermeldet werden.

2.5.2 SOJA/SONJA

Das System SOJA ("*Systeme d'Ordonnancement Journalier d'Atelier*") und sein Nachfolgesystem SONJA sind Feinplanungssysteme für die Werkstattfertigung. SOJA [Sauve, Collinot 87] erzeugt Auftragsreihenfolgen auf einer Vorhersagebasis, die durch Kapazitätsberechnungen und der Reservierung von Betriebsmitteln bestimmt wurde. Diese Vorhersagebasis ist in SOJA statisch festgelegt und berücksichtigt nicht die dynamischen Vorgänge in der Fertigung. SONJA [Collinot, LePape 87] [Sauve 89] umfaßt die von SOJA her bekannten Funktionen sowie eine zusätzliche Fertigungsüberwachungsfunktion. Die Überwachungsfunktion meldet Unregelmäßigkeiten in der Fertigung über eine "Mailbox" an die Planungsfunktion. Dieses Ereignis aktiviert den (ereignisgesteuerten) Planungsvorgang, bei dem die Mailbox ausgelesen und gegebenenfalls eine Planänderung durchgeführt wird. Die Kontrollstrategie zur Propagierung von Beschränkungen ist wie in dem OPIS System (Abschnitt 2.5.1) durch eine blackboard Struktur flexibel gehalten. Ergibt die Kapazitätsanalyse beispielsweise, daß ein kritischer Engpaß vorliegt, wird eine Kontrollstrategie ausgewählt, die diesen Engpaß zuerst plant. Zum Stand der Entwicklungsarbeiten an SONJA wird berichtet, daß ein industrieller Prototyp verfügbar ist.

2.5.3 Bewertung dieser Systeme

Trotz großer Anstrengungen haben die wissensbasierten Systeme für die Maschinenbelegungsplanung nicht den erwarteten Erfolg gebracht: ein Durchbruch ist auch auf absehbare Zeit nicht in Sicht. Beispielsweise wurde das System ISIS aus Abschnitt 2.5.1 aus zwei Gründen nach den Feldtest nicht übernommen (nach [Smith, Fox, Ow 86]):

1. Performanzprobleme
ISIS war viel zu langsam, als es die Vielzahl der Daten aus der Fertigung verarbeiten sollte. Der Grund liegt u.a. in der Verwendung einer einzigen Art der Wissensrepräsentation, der Repräsentation in Form von Beschränkungen. Aus algorithmentheoretischen Gründen wachsen die Rechenzeiten für die vollständige Propagierung von Beschränkungen in Beschränkungsnetzen immer exponentiell (Abschnitt 7.1.3) und ISIS kann demnach ab einer bestimmten Größe der Beschränkungsnetze nicht mehr verwendet werden.

2. Schnittstellenprobleme
Die Integration von ISIS mit den bereits bestehenden Informationssystemen der Fertigung war bei seinem Design nicht vorgesehen gewesen: es stellte sich heraus, daß Dateninkompatibilitäten und fehlende Schnittstellen an ISIS eine Zusammenarbeit verhinderten.

Neben diesen Performanz- und Schnittstellenproblemen lassen sich noch unterschiedliche Auffassungen darüber erkennen, welche Probleme eigentlich gelöst werden müssen, denn die vorgestellten Planungssysteme lösen z.T. unterschiedliche Probleme. So kann SOJA disjunktive Beschränkungen nicht miteinander verbinden, während OPIS gleichzeitig vorliegende Beschränkungskonflikte (die von SOJA erkannt werden) nicht entdecken kann.

Abschließend läßt sich sagen, daß die verschiedenen Lösungsverfahren aus der Künstlichen Intelligenz zwar wertvolle Beiträge für das Problem der Maschinenbelegung geliefert haben, aber kein einheitliches (softwaretechnisches) Rahmensystem zur Verfügung steht, in dem sie (sich gegenseitig ergänzend) untergebracht werden können. Wissensbasierte Systeme zur Maschinenbelegung decken nur Facetten der CIM Problematik ab. Sie verfolgen bislang keinen ganzheitlichen Ansatz und sind damit nicht ohne weiteres in das sie umgebende Produktionsmanagementsystem integrierbar. Die jüngsten Forschungsbemühungen zielen erstaunlicherweise nicht etwa darauf, die (erkannten) Performanz- und Schnittstellenprobleme zu lösen, sondern beschäftigen sich damit, die verteilte Maschinenbelegung [Peng et al 88] und paralleles Planen [Liu 88] zu lösen.

3

Entwicklung eines CIM Referenzmodells

3.1 Aufgaben eines Referenzmodells

Ein Produktionssystem ist normalerweise so komplex, daß es nicht leicht verständlich ist und noch weniger leicht als ein einziges, integriertes System modelliert werden kann. Wird diese Komplexität vernachlässigt, werden komplexe Teilsysteme des Produktionssystems entwickelt und es entstehen *Automatisierungsinseln*. Die anfallenden Kosten zum Redesign dieser Automatisierungsinseln zum Zwecke ihrer Integration können leicht die ursprünglichen Kosten ihrer Entwicklung übersteigen. Ein Referenzmodell beschreibt ein komplexes System als eine Konfiguration von Komponenten und den dazwischen bestehenden Relationen. Jede Komponente erfüllt für sich ihre eigenen, global definierten Aufgaben, und durch Interaktion wird die Aufgabe des Systems als Ganzes erfüllt. Damit sind die Teilsysteme für sich leichter verstehbar, und der Blick auf die dazwischenliegenden Beziehungen wird nicht verstellt.

Es gibt einige Arbeiten, die sich mit Referenzmodellen für Produktionssysteme beschäftigen, u.a. [Biemans 86] [Erkes 88]. Ebenfalls sei an dieser Stelle kurz auf die seit 1984 laufenden Aktivitäten im Rahmen des ESPRIT Programmes der europäischen Gemeinschaft hingewiesen, vor allem auf die Projekte AMICE und CIM OSA. Ziele von CIM OSA (*"open systems architecture"*) sind ein auf europäischer Ebene einheitliches Verständnis von CIM und zugehöriger Terminologie zu schaffen sowie CIM Referenzmodelle und Vorschläge für Standards auf der Basis des ISO/OSI Schichtmodells zu erarbeiten. Die bisherige CIM OSA Referenzarchitektur unterschiedet die drei Untermodelle Referenz-Unternehmensmodell, Referenz-Informationsmodell und Referenz-Implementierungsmodell. Berücksichtigt werden sollen auch die MAP und CNMA Initiativen. Da diese Aktivitäten und die damit verbundenen Diskussionen noch nicht abgeschlossen sind, ist mit einer allgemein anerkannten CIM Referenzarchitektur aus dieser Richtung innerhalb der nächsten Zeit noch nicht zu rechnen.

Was ist überhaupt ein Produktionssystem, oder noch allgemeiner, ein System? Ein System ist immer das Produkt menschlicher Überlegungen, d.h. die Eigenschaft, System zu sein, wird einem Phänomen aufgrund definitorisch festgelegter, systemkonstituierender Bedingungen verliehen. Es werden Kriterien bestimmt, die es erlauben, aus der amorphen Masse Realität gewisse Teilbereiche als System zu identifizieren. Die Systemdefinition kann deshalb das System *problemorientiert* definieren und marginale, für die Untersuchung nicht interessierende Erscheinungen a priori vereinfachen, idealisieren oder ausklammern. Durch die problemorientierte Systemdefintion entstehen *unterschiedliche Sichtweisen*. Da ein Produktionssystem ein komplexes System mit vielen Facetten darstellt, läßt sich keine universell gültige Sichtweise finden, die alle Aspekte gleichermaßen gut abbildet.

Je nach Sichtweise auf ein Produktionssystem bzw. dem intendierten Modellierungsziel ergeben sich unterschiedliche Referenzmodelle, die damit auch unterschiedliche Bereiche abdecken. Zwei solcher Sichtweisen sind in dem NBS Modell und der GRAI Methode zu detektieren. Während das NBS Modell v.a. die unteren Ebenen und damit die operativen Abläufe eines Produktionssystems betrachtet, modelliert die GRAI Methode eher die ablaufenden Entscheidungsprozesse auf den darüberliegenden Ebenen.

Ausgehend von diesen beiden Modellen, die in den Abschnitten 3.2 und 3.3 näher vorgestellt werden, wird in Abschnitt 3.4 ein *CIM Referenzmodell* entwickelt, das die wesentlichen Eigenschaften von beiden in sich vereint. Der Vorteil der Anwendung des vorgestellten Referenzmodells ist darin zu sehen, daß die fachlich unterschiedlichen Planungsteams, die zur Planung und Realisierung der Teilsysteme eines Produktionssystems notwendig sind, zum einen die gleiche Sprache sprechen und zum anderen auf Referenznormale zurückgreifen können. Es wird deutlich, daß eine Realisierung mittels der Systematik des Referenzmodells zu Ergebnissen führt, die einfacher zu bewerten sind sowie eine hohe Sicherheit für eine reibungslose Kommunikation und Zusammenarbeit der Teilsysteme im Sinne von CIM bieten.

3.2 Das NBS Modell

Am NBS (von *National Bureau of Standards*, Gaithersburg, USA) werden im Rahmen des Projektes AMRF Konzepte und Standards zu einer sehr weitreichenden Automatisierung erarbeitet. Das NBS Modell beschreibt die Steuerung einer Produktionsanlage rein hierarchisch mittels drei paralleler Hierarchien: einer Hierarchie von sensordatenverarbeitenden Modulen, einer Planungsmodul- und einer Weltmodellhierarchie [Albus et al 81] und [McLean et al 83]. Die Hierarchien umfassen jeweils fünf Hierarchieebenen (facility, shop, ..., equipment) und werden auch in einem Bild dargestellt (Bild 3.1).

Jede Hierarchieebene besteht aus einer Anzahl von Verarbeitungseinheiten (*Steuerungsmodulen*), die mit Hilfe von Prozeduren und Funktionen realisiert werden. Jedes Steuerungsmodul besteht aus dem sensordatenverarbeitenden Modul, dem Planungsmodul und dem Weltmodell der jeweiligen Hierarchieebene. Ein Steuerungsmodul ist abstrakt definiert: es ist nicht festgelegt, ob es sich um einen Mensch oder eine Maschine handelt.

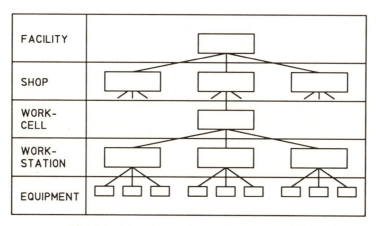

Bild 3.1: Das hierarchische Modell von NBS

Die Steuerungsmodule jeder Hierarchieebene sind durch ihre Funktion im gesamten Produktionsbetrieb charakterisiert. Jedes Steuerungsmodul einer Ebene ist nur für seinen Bereich zuständig und erhält keine Informationen über Ereignisse oder Aktivitäten, die außerhalb seines Planungshorizontes liegen. Zur Steuerung eines Produktionsbetriebs erhält jedes Steuerungsmodul eine Anweisung von dem genau darüberliegenden Steuerungsmodul und versorgt unter Berücksichtigung von Rückkopplungsinformation mehrere darunterliegende Steuerungsmodule (strenge Hierarchie).

Durch die Hierarchisierung wird eine Begrenzung der Komplexität jedes Steuermoduls erreicht. Die geforderten Antwortzeiten werden zu den niedrigen Ebenen hin kürzer, aber die Datenkomplexität wird auch geringer. Die geforderten Antwortzeiten werden länger auf den höheren Ebenen, aber die Datenkomplexität wird auch höher. Man kann es vereinfacht so formulieren: in höherliegenden Hierarchieebenen werden *viele (komplexe) Daten selten verarbeitet* und in tieferliegenden Hierarchieebenen werden *wenige (einfache) Daten oft verarbeitet*. Die Gesamtkomplexität wird damit auf jeder Hierarchieebene annähernd konstant gehalten.

Die Aufgaben jedes Steuerungsmoduls im einzelnen sind:

- eine komplexe Aufgabe in einfachere Aufgaben aufteilen ("*task decomposition*") und an die untergeordneten Module zuweisen
- Erwartungen und Vorhersagen für die zu erwartenden Sensordaten aufgrund von früheren Erfahrungen generieren
- Statusmeldungen der untergeordneten Module mit den Erwartungen vergleichen
- Korrekturmaßnahmen, wenn nötig, einleiten
- die aus der Produktion anfallenden Daten verdichten und das übergeordnete Modul über Probleme informieren (Ergebnismeldung)

Diese Steuerungshierarchie der Arbeitsteilung hat natürlich zwei Ausnahmen:

1. Das Steuerungsmodul der höchsten Ebene, wo die Planung mit dem längsten Planungshorizont stattfindet und der größte dispositive Spielraum ist, hat kein übergeordnetes Modul und kann folglich auch keinem Rückkopplung geben.
2. Die Steuerungsmodule der niedrigsten Ebene können ihre Aufgabe nicht weiter delegieren und müssen sie bedingungslos ausführen.

Für jedes Steuerungsmodul ist ein Zeitintervall festgelegt, das angibt, wie oft eine Verarbeitung der Eingabedaten stattfindet; jedes Modul kann nach Ablauf dieses Zeitintervalles eine Berechnung vornehmen. Durch die Verarbeitung der anfallenden Daten in festen Zeitintervallen (getaktete Verarbeitung) sind keine Unterbrechungsmechanismen notwendig: das Verfahren garantiert, daß spätestens nach Ablauf des Zeitintervalls der Ausgang den erforderlichen Zustand annimmt.

Die Steuerung im NBS Modell erfolgt demnach rein hierarchisch, aber trotzdem dezentral in den Steuerungsmodulen jeder Ebene. Sie ist vertikal partitioniert hinsichtlich Zeithorizont und Abstraktion vom Produktionsprozeß, und sie ist horizontal partitioniert hinsichtlich der Funktion des Moduls. Wenn das Kontrollproblem entlang der Zeitachse partitionierbar ist, kann nach Barbera eine Vereinfachung auf der Implementierungsebene erzielt werden, indem jedes Steuerungsmodul als *endlicher Automat* repräsentiert wird. Dazu werden alle Eingangs-, Ausgangsdaten, Zustände und Zustandsübergange des Produktionssystems in Zustandstabellen beschrieben: für gegebene Eingangsdaten und Zustand gibt es den definierten Zustandsübergang [Barbera et al 84].

Zusammenfassend läßt sich sagen, daß das skizzierte NBS Modell im wesentlichen ein CAM-Modell ist: es betrachtet ein Produktionssystem als eine Ansammlung von Maschinen bzw. Aufgabenträgern und ordnet sie in eine Hierarchie ein. Die Steuerung der Maschinen (operative Abläufe) steht im Mittelpunkt des Interesses. Die NBS Sichtweise ist gut geeignet für die Ebenen von Workcell an abwärts. Eine Anwendung für die darüberliegenden Ebenen ist allerdings problematisch, da durch die fehlende Entscheidungsflußmodellierung relativ leicht Koordinationsprobleme auftreten können.

3.3 Die GRAI Methode

GRAI (von *"Groupe de Recherche en Automatisation Integriel"*) ist eine Methode zur Analyse und zum Entwurf von Produktionssteuerungssystemen [Doumeingts 87]. Sie entstand seit 1972 an der Universität Bordeaux und ist eine Anwendung des systemtheoretischen Ansatzes, den Mesarovicz vorgestellt hatte [Mesarovicz et al 70]. Seit 1980 erfolgen Einsätze in der Industrie.

Das konzeptuelle Modell[1] von GRAI unterscheidet in einem Produktionssystem das Produktionssteuerungs- oder -managementsystem (PMS) und das physikalische System. Das PMS unterteilt sich weiter in das Entscheidungssystem und das Informationssystem, und

---

1 Ein konzeptuelles Modell dient dazu, ein gemeinsames Verständnis des Produktionssystems durch Benennung von Strukturen und Verhalten zu erreichen. Gleichzeitig wird damit die Basis zum Entwurf und zur Integration von Teilsystemen des Produktionssystems bereitgestellt.

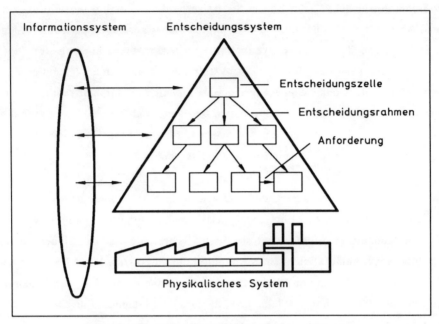

Bild 3.2: Das konzeptuelle Modell von GRAI

damit ergeben sich die drei Teilsysteme (Bild 3.2) *physikalisches System, Informationssystem und Entscheidungssystem*.

Das *physikalische System* transformiert konkrete physikalische Objekte in andere konkrete Objekte (Produkte genannt) und ist mithin die eigentliche Produktion mit ihren Produktionsprozessen. Das *Informationssystem* transformiert Informationsobjekte in andere Informationsobjekte mit Hilfe eines *deterministischen* Prozesses (Datenspeicherung und -verteilung zwischen dem physikalischen System und dem Entscheidungssystem). Das *Entscheidungssystem* transformiert Informationsobjekte in andere Informationsobjekte mit Hilfe eines *nichtdeterministischen* Prozesses: ein nichtdeterministischer Prozeß umfaßt den Begriff der Auswahl oder Entscheidung. Nach Ansicht von Breuil ist die Eigenschaft von Nichtdeterminismus ein wesentlicher Bestandteil von Entscheidungen, reicht aber zu ihrer genauen Beschreibung noch nicht aus: die ablaufenden Entscheidungsprozesse müssen noch genauer dargestellt werden können [Breuil 89].

Das Entscheidungssystem ist aus der konzeptuellen Sichtweise der aktive Teil und besteht aus einzelnen *Entscheidungszellen*. Die einzelnen Entscheidungszellen entstehen, wenn ein Produktionssystem nach zwei Kriterien unterteilt wird: einem *zeitlichen* und einem *funktionalen* Kriterium[2].

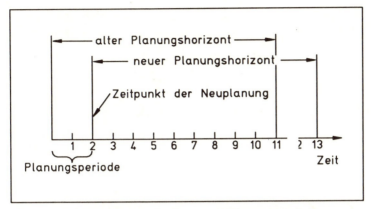

Bild 3.3: Planungshorizont und Planungsperiode

Das zeitliche Kriterium wird weiter unterteilt in *Planungshorizont* und *Planungsperiode*. Der Planungshorizont bezeichnet die zeitliche Gültigkeit der Entscheidungen der betrachteten Entscheidungszelle. Die Planungsperiode bezeichnet die Zeitdauer zwischen zwei Entscheidungen, mit der die betrachtete Entscheidungszelle eine Entscheidung trifft. Bild 3.3 verdeutlicht nochmals dieses wichtige Konzept: jeweils nach Ablauf einer Planungsperiode wird für den um eine Planungsperiode verlängerten Planungshorizont neugeplant.

Die Entscheidungszellen werden vertikal nach zeitlichen Kriterien - wobei der Planungshorizont die Stellung jeder Zelle in der Hierarchie der übrigen Zellen bestimmt - und horizontal nach funktionalen Kriterien angeordnet und in eine zweidimensionale Matrix (*GRAI Gitter*) eingezeichnet. In Bild 3.4 ist ein solches GRAI Gitter gezeigt. Jedes Element der Matrix wird als Entscheidungszelle bezeichnet. Jede Reihe dieser Matrix enthält die Entscheidungszellen, die den gleichen zeitlichen Kriterien entsprechen, jede Spalte dieser Matrix enthält die Entscheidungszellen, die den gleichen funktionalen Kriterien entsprechen.

---

2 Mit funktionalen Kriterien sind betriebliche Tätigkeiten gemeint, die zyklisch, d.h. mit einer bestimmten Periode, ausgeführt werden. Demgegenüber sind projektartige Tätigkeiten solche mit einer beschränkten Laufzeit und werden im folgenden nicht weiter erwähnt.

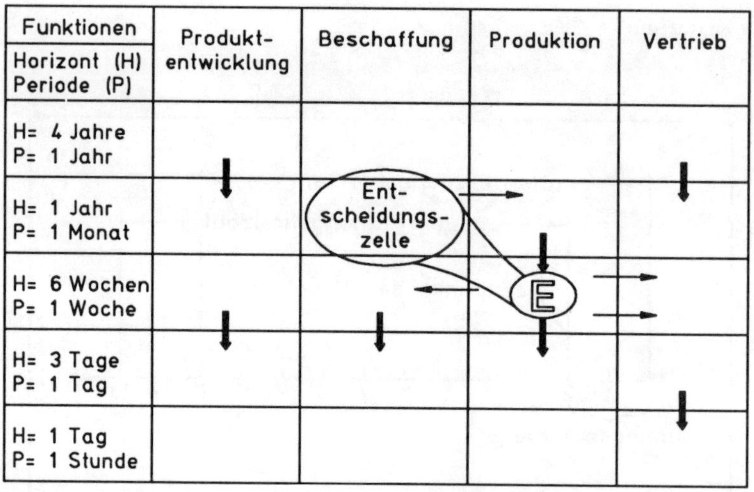

Funktionen Horizont (H) Periode (P)	Produkt-entwicklung	Beschaffung	Produktion	Vertrieb
H= 4 Jahre P= 1 Jahr	↓			↓
H= 1 Jahr P= 1 Monat		Ent-scheidungs-zelle →	↓	
H= 6 Wochen P= 1 Woche	↓	←	E →	
H= 3 Tage P= 1 Tag	↓	↓	↓	
H= 1 Tag P= 1 Stunde				↓

Bild 3.4: Entscheidungszellen im GRAI Gitter

Die Kommunikation zwischen den Entscheidungszellen wird graphisch durch zwei Arten von Pfeilen beschrieben (Bild 3.4):

- dicke Pfeile zeigen den Fluß von *Entscheidungsrahmen*
- dünne Pfeile zeigen den Fluß von *Anforderungen*

Die Entscheidungsrahmen steuern die Entscheidungszellen, indem sie Vorgaben für den Entscheidungsprozeß darstellen. Die Anforderungen koordinieren die Entscheidungszellen, indem sie den Lösungsraum (z.B. durch Verfeinerung des Entscheidungsrahmens) einschränken. Rückkopplungsinformationen werden nicht explizit dargestellt, sondern sind implizit durch Blick in entgegengesetzter Richtung der Pfeilspitzen gehalten.

Das GRAI Gitter mit seinen Entscheidungszellen und seinen Pfeilen beschreibt sämtliche Entscheidungsflüsse eines Entscheidungssystems sehr kompakt und von einer globalen Sicht. Es konzentriert sich auf das Wesentliche und vermeidet mit seiner Darstellung eine Überschwemmung mit Details. Damit sind strukturelle Zusammenhänge gut erkennbar. Allerdings kann ein GRAI Gitter natürlich nicht Details zeigen. Dafür gibt es die Möglichkeit, eine Entscheidungszelle mit den sogenannten *GRAI Netzen* darzustellen.

Die Grai Netze sind von den Petrinetzen abgeleitet und gestatten die Darstellung einer Entscheidungszelle auf beliebiger Detaillierungsebene. Die unterschiedlichen Bereiche des Produktionssystems können ebenfalls mit unterschiedlichem Detaillierungsgrad modelliert werden, um den Gesamtmodellierungsaufwand zu reduzieren. Im wesentlichen stehen zwei verschiedene Symbole zur Verfügung, um die Aktivitäten von Entscheidungszellen näher zu beschreiben.

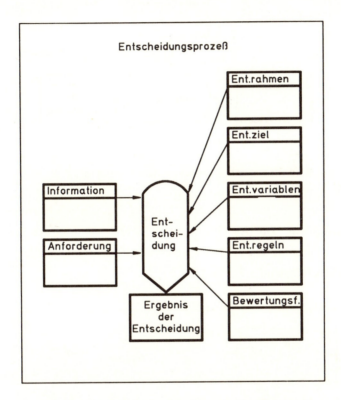

Bild 3.5: Symbol für einen Entscheidungsprozeß

Das Symbol für einen *Entscheidungsprozeß* (Bild 3.5) ist ein pfeilförmiges Gebilde mit vertikaler Ausrichtung. Die Einflußgrößen (Attribute) für einen Entscheidungsprozeß werden explizit durch einen rechteckigen Kasten rechts neben das Entscheidungsprozeßsymbol hingeschrieben. Solche Attribute sind Entscheidungsrahmen, Entscheidungsziel, Entscheidungsvariablen, Entscheidungsregeln und eine Bewertungsfunktion. Zusätzliche Attribute werden links neben das Entscheidungsprozeßsymbol hingeschrieben.

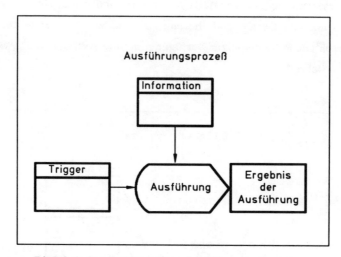

Bild 3.6: Symbol für einen Ausführungsprozeß

Das Symbol für einen Ausführungsprozeß (Bild 3.6) ist ein pfeilförmiges Gebilde mit horizontaler Ausrichtung. Der Ausführungsprozeß kennt nur eine Auslösungsbedingung (Trigger). Zur Verknüpfung dieser GRAI Netzsymbole existieren die logischen Verknüpfungen ODER und UND (Bild 3.7).

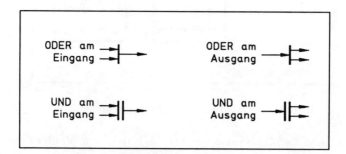

Bild 3.7: Symbole für logische Verknüpfungen

Wie schon oben erwähnt, ist GRAI ein Instrument zur Analyse und zum Entwurf von PMS. Sowohl in der Analyse- als auch in der Entwurfsphase werden die Strategien topdown und bottom-up kombiniert. Die top-down Sicht soll die bereichsübergreifenden Zusammenhänge aufdecken und damit die Integration fördern, während die bottom-up Sicht der Überprüfung und Detaillierung der top-down Sicht gilt [Bünz 87, 88]. In der Analysephase dokumentieren die GRAI Netze den Status quo des PMS, in der Entwurfsphase werden - ausgehend vom Status quo - Schwächen gesucht und verbessert. Die GRAI

Methode interessiert uns in der vorliegenden Arbeit im wesentlichen als Instrument zur Spezifikation der ablaufenden Entscheidungsprozesse in CIM Softwaremodulen.

3.4 CIM Referenzmodell

Ausgehend von dem NBS Modell (Abschnitt 3.2) und der GRAI Methode (Abschnitt 3.3) wird in diesem Abschnitt ein CIM Referenzmodell vorgestellt, das im CIM Projekt des Philips Forschungslabors in Hamburg entwickelt wurde. Die folgenden in diesem Projekt entstandenen Veröffentlichungen dokumentieren den Verlauf seiner Entwicklung [Huber 86], [Meyer, Isenberg 87], [Huber 87], [Isenberg 88], [Meyer et al 88], [Bünz, Huber 88], [Bünz, Huber 88b], [Huber 88], [Huber, Bünz 89]. Das vorgestellte CIM Referenzmodell gestattet es, insbesondere vor dem Hintergrund des Ziels CIM einerseits die Verbindung und Kommunikation von einzelnen, historisch entstandenen Automatisierungsinseln zu planen und zu realisieren, und andererseits neu zu entwerfende Produktionsteilsysteme (Entscheidungszellen) leichter integrierbar zu machen.

3.4.1 Definitionen zur Beschreibung von Entscheidungsprozessen

Zur Produktionssteuerung wird in einem PMS eine Vielzahl von Entscheidungen gefällt. Insofern ist jeder Entscheidungsproze\ß eine (möglicherweise über mehrere Stufen laufende) *Transformation von Information in Aktion* (genauer: der Repräsentation dieser Aktion, denn Aktionen können nur im physikalischen System stattfinden).

Zur Beschreibung der ablaufenden Entscheidungsprozesse werden - soweit wie möglich - die Begriffe aus der GRAI Methode verwendet. Die in GRAI nicht vorhandene Operationalisierung von Lösungen eines Entscheidungsprozesses wird der klasssischen Entscheidungstheorie nach [Keeney, Raiffa 76] entnommen. Da die GRAI Termini lediglich informell definiert und damit oft nicht eindeutig verwendet werden, werden sie zuerst präziser formuliert: ihre Bedeutung in den nachfolgenden Kapiteln ist in dem hier festgelegten Sinne zu verstehen. Eine formale Definition der folgenden Begriffe findet sich in

[Bünz, Huber 88b] und [Isenberg 90]. In der letzteren Arbeit wird auch ein Vergleich mit der Entscheidungstheorie nach [Keeney, Raiffa 76] vorgenommen.

Entscheidungsrahmen d ("*decision frame*"):
Entscheidungsrahmen dienen zur *vertikalen Integration* von Entscheidungszellen: ein Entscheidungsrahmen ist eine Arbeitsvorgabe und grenzt den Ziel- und Aktionsraum der empfangenden Entscheidungszelle ab. Jede Entscheidungszelle darf nur genau einen Entscheidungsrahmen von der direkt über ihr stehenden Entscheidungszelle erhalten.

Anforderung r ("*request*"):
Anforderungen dienen zur *horizontalen Integration* von Entscheidungszellen: eine Anforderung dient der weiteren Eingrenzung des Ziel- und Aktionsraums einer Entscheidungszelle. Anforderungen werden nur zwischen den Entscheidungszellen der gleichen zeitlichen Ebene ausgetauscht. Im Normalfalle startet und koordiniert die Produktionsfunktion[3] den Austausch der Anforderungen. Sie wird deshalb auch Koordinator genannt. Die Kommunikationspartner und Empfänger der Anforderungen werden Spezialisten genannt.

Entscheidungsvariable dv ("*decision variable*"):
Entscheidungsvariablen beschreiben durch die Werte, die sie annehmen können, den Bereich der möglichen Lösungen. Ihre möglichen Werte sind durch die Vorgabe von Entscheidungsrahmen und Anforderungen eingeschränkt und sie werden durch den ablaufenden Entscheidungsprozeß eindeutig mit Werten belegt (instanziiert).

Modell m ("*model*"):
Das Modell einer Entscheidungszelle beschreibt Struktur, Parameter und Zustände des Teiles des physikalischen Systems, das durch die Entscheidungszelle kontrolliert werden soll. Das Modell einer Entscheidungszelle auf höherer Ebene deckt einen größeren Bereich ab und ist weniger detailliert als das Modell auf tieferer Ebene.

Lösung s ("*solution*"):
Die Lösung ist eine Belegung der Entscheidungsvariablen mit Werten aus dem Bereich der zulässigen (möglichen) Belegungen.

---

[3] Die Produktionsfunktion ist die wichtigste Funktion eines Produktionsbetriebs.

Entscheidungsziel do (*"decision objective"*):
Das Entscheidungsziel ist die Minimierung bzw. Maximierung der Bewertungsfunktion und beschreibt den Endzustand (WAS), der von einer Entscheidungszelle angestrebt wird.

Entscheidungsregel dr (*"decision rule"*):
Eine Entscheidungsregel beschreibt ein Verfahren oder einen Algorithmus, WIE die Entscheidungsvariablen unter einem festen d, r und m instanziiert werden sollen, um den angestrebten Endzustand (Entscheidungsziel) zu erreichen.

Bewertungsfunktion ef (*"evaluation function"*):
Die Bewertungsfunktion ist eine Funktion von d, r und m und bewertet eine Lösung (= Belegung der Entscheidungsvariablen). Die Bewertungsfunktion antizipiert die Ausführung der Lösung des Entscheidungssystems mit dem Modell und bildet sie als vorweggenommenes Resultat auf eine (meist numerische) Größe ab. Diese Größe bezeichnet den Erreichungsgrad des Entscheidungsziels, den die mit ef bewertete Lösung bei einer Ausführung erreichen könnte.

Performanzindikator pi (*"performance indicator"*):
Der Performanzindikator mißt die tatsächliche Wirkung bei der Ausführung einer Lösung auf den betreffenden Teil des physikalischen Systems. Er ist also ein Maß für die tatsächliche Erreichung eines Entscheidungsziels.

Unter Verwendung der oben festgelegten Begriffe kann der Ablauf des Entscheidungsprozesses einer Entscheidungszelle kurz und knapp wie folgt beschrieben werden:

1. Beschreibung des Entscheidungsproblems durch d, r, dv, do, m.
2. Erzeugung der Lösung durch dr.
3. Bewertung der Lösung durch ef, pi.

3.4.2 Architektur eines CIM Controllers

Jede Entscheidungzelle eines Entscheidungsgitters, wie es in Bild 3.4 gezeigt wird, wird als *CIM Modul* (Abschnitt 3.4.3) bezeichnet. Durch geeignetes Zusammenfassen von CIM Modulen entsteht ein *CIM Controller* (Bild 3.8).

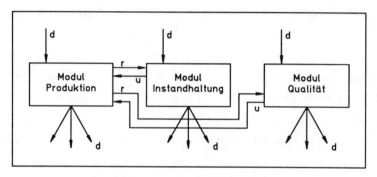

Bild 3.8: Architektur eines CIM Controllers

Die CIM Module erhalten zunächst alle ihre bereichsspezifischen Entscheidungsrahmen d und wählen dann unter Berücksichtigung der an sie gestellten Anforderungen r (der Koordinator auf die Rückmeldungen u) und der Umweltinformation e (im Bild nicht eingezeichnet) eine bereichsoptimale Steuerungsaktion aus. In Bild 3.8 wurden exemplarisch die drei Funktionen Produktion, Instandhaltung und Qualitätssicherung zu einem CIM Controller zusammengefaßt. Eingezeichnet sind auch die Verbindungen r und u, über die die Kommunikation innerhalb des CIM Controllers abläuft.

3.4.3 Architektur eines CIM Moduls

Ein CIM Modul beschreibt *unabhängig von einem speziellen Produktionsbetrieb*, wie jede einzelne Entscheidungszelle des PMS realisiert werden soll. Diese generische Beschreibung stellt ein Rahmensystem dar, in das verschiedene Softwaresysteme integrierbar sind (schließlich geht es in CIM nicht darum, einzelne isolierte Softwaresysteme zu schaffen). Dies entspricht auch einer ingenieursmäßigen Konstruktionssystematik: zuerst wird das Rahmensystem mit Platzhaltern geschaffen. Anschließend werden die Platzhalter durch entsprechende Softwarespezialisierungen (Instanzen) ersetzt.

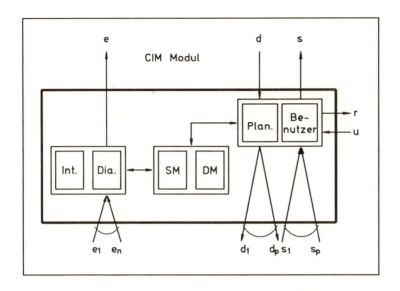

Bild 3.9: Architektur eines generischen CIM Moduls

Die Eingangsgrößen des CIM Moduls sind:

- ein Entscheidungsrahmen d von der Entscheidungzelle der höheren Hierarchiestufe als Vorgabe für die durchzuführende Entscheidung
- Anforderungen r von Entscheidungzellen der gleichen Hierarchiestufe als Begrenzung der Menge der Lösungen, die innerhalb des Entscheidungsrahmens zu finden sind
- Umweltinformationen $e_1...e_n$ und Statusmeldungen $s_1...s_p$ von tieferliegenden Entscheidungszellen

Die Ausgangsgrößen des CIM Moduls sind:

- eine verdichtete Statusmeldung s aus $s_1...s_p$
- eine verdichtete Umweltinformation e aus $e_1...e_p$

Wie in Kapitel 1 beschrieben wird, ist der Produktionsprozeß nicht vollständig a priori vorherbestimmbar, da während seines Ablaufs eine Vielzahl ungeplanter Ereignisse eintreten, die eine planmäßige Durchsetzung der Vorgaben gefährden oder verhindern. Soll die Einhaltung der Vorgaben sichergestellt werden, so ist die *Kontrolle als Gegenstück zur Planung* unerläßlich. Als interne Struktur für das CIM Modul wird deshalb eine *aufgaben-*

orientierte Dreiteilung in Planungskomponente, Überwachungskomponente und Modellkomponente (Weltmodell) gewählt, die in modifizierter Form dem NBS Modell entnommen ist (Bild 3.9):

1. **Planungskomponente**
Die Planungskomponente ist die Entscheidungsinstanz des CIM Moduls. Es setzt die Direktiven des Entscheidungsrahmens d von der übergeordneten Planungskomponente in Direktiven für die untergeordnete Planungskomponente um, indem es d in $d_1...d_p$ unter Berücksichtigung der Anforderungen r (bzw. der Rückmeldungen u) und des Weltmodells verfeinert. Die Rückmeldungen $s_1...s_p$ auf $d_1...d_p$ werden zu einer aggregierten Beschreibung s zusammengefaßt und der Planungskomponente der übergeordneten Entscheidungszelle rückgekoppelt.

2. **Überwachungskomponente**
Die Überwachungskomponente verarbeitet die IST-Werte $e_1...e_n$ der betrachteten Ebene des Entscheidungssystems (Interpretation), aktualisiert das Weltmodell und erzeugt eine aggregierte Beschreibung e (Diagnose), die der Überwachungskomponente der übergeordneten Entscheidungszelle rückgekoppelt wird. Die Einführung einer formalen Rückkopplung der IST-Werte an das Weltmodell führt zu einem nach übergeordneten Zielen beeinflußbaren *Informationsregelkreis*, denn bei einem erneuten Planungslauf kann die Planungskomponente des CIM Moduls den aktuellen Zustand des Weltmodells berücksichtigen.

3. **Modellkomponente**
Die Modellkomponente ist das Weltmodell des CIM Moduls. In beinahe jeder Arbeit, die sich mit Modellen befaßt, findet sich ein Abschnitt betreffend Modellklassifikationen. Die angewandten Klassifikationskriterien reichen von ad-hoc Einfällen und enzyklopädischem Sammeln bis zu durchdachten formalen Klasseneinteilungen und liefern damit Hinweise auf die Vielfalt des Modellbegriffes. Weiterreichende und eher philosophische Betrachtungen über die Abbildung der Realität in einem Rechnermodell werden von Kent angestellt [Kent 78].

Kap. 3 Entwicklung eines CIM Referenzmodells

Hier wird der Klassifikation nach Kunz gefolgt und Weltmodelle in *heuristische, mathematische* und *formal-symbolische* Modelle unterschieden [Kunz 88][4]. Ein heuristisches Modell enthält die symbolische Beschreibung zwischen Eingangs- und Ausgangsverhalten des modellierten Systems. Sein Verhalten und seine Struktur sind nur implizit repräsentiert. Ein mathematisches Modell beschreibt das genaue Eingangs- und Ausgangsverhalten des modellierten Systems, d.h. sein Verhalten ist explizit repräsentiert, während die Struktur implizit bleibt (Blackbox Beschreibung). Ein formal-symbolisches Modell schließlich macht sowohl Struktur als auch Verhalten des modellierten Systems in seiner Repräsentation explizit. Nach dieser Klassifikation ist das vorliegende Weltmodell ein formal-symbolisches Modell.

Ein Entscheidungssystem, das Struktur und Verhalten explizit repräsentiert hat, heißt *modellbasiertes Entscheidungssystem*. Die Modellkomponente des CIM Moduls ist eine konzeptuelle Einheit, obwohl es in einer Implementierung aber physikalisch verteilt sein kann. Es ist untergliedert in einen statischen (SM) und in einen dynamischen Teil (DM) und enthält Produkt-, Ressource- und Prozeßdaten, soweit sie auf der betrachteten Ebene des Entscheidungsgitters relevant sind.

Eine Kopplung der Überwachungs- und Planungskomponente ist nicht zufriedenstellend: nach Scholz bedeutet der Begriff Kopplung, daß eine bloße datentechnische Verknüpfung zweier oder mehr, aber getrennter Programmsysteme vorhanden ist[5]. Bei dieser Art der Verknüpfung ist es nahezu unmöglich, Datenredundanz in den gekoppelten Programmsystemen zu vermeiden. Eine Integration unterscheidet sich von der bloßen Kopplung dadurch, daß sämtlichen verknüpften Programmsystemen eine einheitliche Datenbeschreibung zugrunde liegt [Scholz 88]. Da die Modellkomponente gleichermaßen für die Planung und für die Überwachung benutzt werden soll, wird es als einheitliche Datenbasis festgelegt. Kopplungsprozeduren sind dann überflüssig und eine Datenredundanz wird vermieden.

---

[4] Mit dieser Modellklassifizierung wird gleichzeitig die übliche Unterscheidung der KI in flache bzw. tiefe Wissensmodelle ("*shallow*" bzw. "*deep models*") abgedeckt [Koton 85] [Klein 87].

[5] Dabei behalten die gekoppelten Programmsysteme ihre unterschiedlichen Daten- und Speicherstrukturen, und der Datenaustausch erfolgt mittels einer Kopplungsprozedur über eine Zwischendatei.

Die drei beschriebenen Komponenten beschreiben das *WAS*, nicht das *WIE* einer Implementierung, denn wie die Implementierung dieser Komponenten aussieht, wird in der Architektur des CIM Moduls noch nicht festgelegt. Dieses zweistufige Konzept mit der Trennung in ein *generisches* CIM Modul und daraus zu entwickelnden, *fallspezifischen* CIM Modulen ist sehr sinnvoll, weil sich die Anwendungsfunktionen eines Produktionssystems natürlich nicht so schnell ändern wie die technischen Möglichkeiten zu ihrer Implementierung in Form von Computertechnologien.

Bei der Architektur des in diesem Abschnitt vorgestellten CIM Moduls handelt es sich nicht nur um ein theoretisches Sollkonzept: seine Anwendbarkeit wird anhand einer Fallstudie in den folgenden Kapiteln nachgewiesen.

4
Realisierung mit dem Referenzmodell

4.1 Flexible Montagelinie für Autoradios

In diesem Abschnitt wird eine Endmontagelinie für Autoradios mit ihrem Layout und ihrer Steuerungsstrategie dargestellt. Sie dient im weiteren Verlauf dieser Arbeit als physikalisches System (nach der Terminologie des CIM Referenzmodells) für das Planungs- und Entscheidungssystem in Abschnitt 4.2.

Die Endmontagelinie ist die letzte von drei hintereinanderliegenden Arbeitszellen und ermöglicht ohne Umrüstung und in beliebigem Mix die Montage von fünf Produktfamilien mit annähernd 80 Produktvarianten. Typische Losgrößen liegen im Bereich von 100 bis 1000 Stück, obwohl auch Losgröße 1 möglich ist. Im *2-Schichtbetrieb* liegt die Jahresproduktion bei knapp *1 Million Geräten*. Die Montagelinie ist ein lose verkettetes, geschlossenes Fertigungssystem (d.h. die maximale Anzahl der Warenträger ist fest vorgegeben) mit 8 Nebenlinien und 42 z.T. manuell besetzten, z.T. automatisch arbeitenden Arbeitsplätzen. Zu jedem Zeitpunkt befinden sich ca. 400 Produkte gleichzeitig in der Linie, wobei die Produkte durch einen eindeutigen Barcode unterscheidbar bleiben.

Jede Produktvariante muß in bestimmter Reihenfolge von den Arbeitsplätzen bearbeitet werden. Die Bearbeitungsreihenfolgen sind von Variante zu Variante unterschiedlich und müssen auch nicht alle Arbeitsplätze enthalten. Allerdings hat diese Montagelinie wenige alternative Arbeitsgangreihenfolgen und insbesondere nicht die Maschinenbelegungsproblematik wie die Werkstattfertigung.

Aufbau der Montagelinie

Wie aus dem Layout zu ersehen, besteht die Linie aus einem Hauptband (*Basislinie*), das in Bild 4.1 von rechts nach links verläuft, und aus einer Anzahl von mit ihm verbundenen Nebenbändern (Nebenlinien oder *Seitenlinien*).

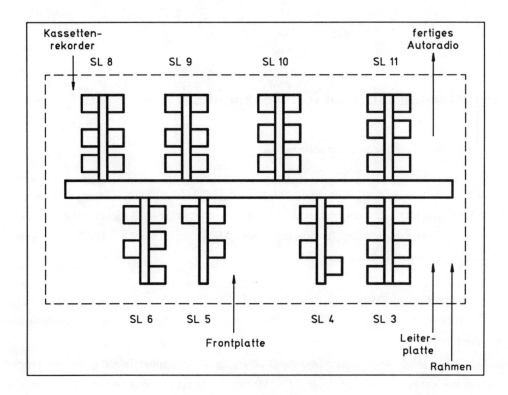

Bild 4.1: Layout der Montagelinie

Basislinie und Seitenlinien laufen mit gleicher, konstanter Geschwindigkeit. Während die Basislinie die Produkte zwischen den einzelnen Seitenlinien transportiert und sonst keine weitere Funktion hat, finden in den Seitenlinien die eigentlichen Montagearbeiten statt. Eine Seitenlinie besteht aus einem *Seitenlinienrechner* und einer Anzahl *Arbeitsplätzen*. Die Arbeitsplätze sind mittels Übersetzvorrichtungen an die Nebenbänder und diese wiederum durch Übersetzvorrichtungen an das Hauptband angeschlossen. Eine Seitenlinie im letzten Abschnitt der Basislinie ist die zentrale Reparaturlinie: alle defekten Produkte müssen diese Linie zur Reparatur anlaufen.

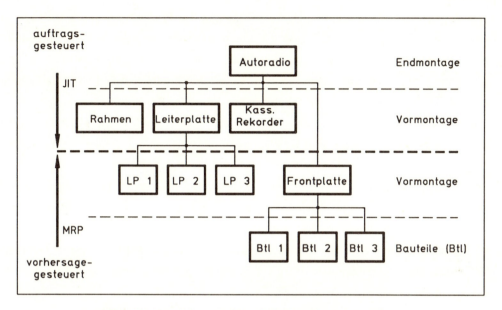

Bild 4.2: Stückliste nach logistischen Gesichtspunkten

Die Komponenten und Baugruppen, die von der Montagelinie verarbeitet werden, werden teils just-in-time (auftragsgesteuert, bedarfssynchron) produziert und teils durch ein Lager (vorhersagegesteuert) vorgehalten. Zur Bestimmung des *Übergangspunktes* von auftragsgesteuerter auf vorhersagegesteuerte Montage wird das zu erzeugende Produkt Autoradio in Teile aufgespalten, wobei die Teilung nicht nach den herkömmlichen Ähnlichkeitsanalysen (gleiche Geometrie oder gleiche Prozeßschritte) vorgenommen wird, sondern danach, daß die Teile innerhalb einer Produktfamilie die gleiche Logistik haben (zeitvariante Stückliste, "*bill of material*").

Der Aufbau einer solchen zeitvarianten Stückliste für ein Autoradio ist in Bild 4.2 gezeigt, wobei der oben erwähnte Übergangspunkt für die untersuchte Montagelinie gestrichelt eingezeichnet ist. Danach erhält sie als Eingabe zum einen Rahmen, bestückte Leiterplatten und Kassettenrekorderlaufwerke, die in anderen Prozessen gefertigt und just-in-time angeliefert werden, und zum anderen Frontplatten und bestimmte Leiterplatten, die vorhersagegesteuert gefertigt worden sind. Als Ausgabe liefert sie getestete und verpackte (verkaufsfähige) Autoradios.

Intelligente Wegesteuerung (Routing)

Innerhalb der Montagelinie werden Verzweigungen im Produktfluß durch Weichen und Übersetzvorrichtungen an den Transportbändern realisiert. An jeder Verzweigung ist eine Kamera installiert, die den Barcode eines Produkts liest und an die zentrale Steuereinheit (Prozeßrechner) weiterleitet. Diese erkennt daraus den Produkttyp und den Bearbeitungszustand und kann die gewünschte Laufrichtung ermitteln. Bei Einmündungen gibt es eine Prioritätensteuerung, die bei gleichzeitigem Eintreffen von Produkten einer Richtung Vorrang einräumt. In der Anlage sind Weichen und Prioritätensteuerung starr festgelegt.

Die Arbeitsplätze für verschiedene Produkttypen sind nach dem *Verrichtungsprinzip* in den Seitenlinien verteilt und durch das Transportband der Seitenlinie miteinander verbunden. Jeder Arbeitsplatz verfügt über einen lokalen Eingangs- und Ausgangspuffer und hat in Abhängigkeit der Produktvariante unterschiedlich lange Bearbeitungszeit. Produkte, die in den lokalen Arbeitsplatzpuffern auf Bearbeitung warten, belasten den übrigen Produktstrom auf dem Transportband nicht.

Während der Produktion sind die einzelnen Arbeitsplätze mit unterschiedlicher Zeitdauer und Häufigkeit gestört. Dies können geplante Störungen (z.B. Instandhaltung) oder ungeplante Störungen (Ausfälle) sein. Zur Überbrückung der Ausfallzeit eines Arbeitsplatzes wird in jeder Seitenlinie eine bestimmte Anzahl von Produkten vorgehalten (gepuffert). Da diese Pufferung aus Platz- und Kostengründen nicht ausschließlich in den lokalen Arbeitsplatzpuffern vor den Arbeitsplätzen erfolgen kann, wird die Bandschleife des Seitenlinien-Transportbandes auch als *Umlaufpuffer* benutzt. Allerdings hat dieser Umlaufpuffer eine nicht vorhersehbare Zugriffszeit, d.h. es ist nicht genau berechenbar, wann ein umlaufendes Produkt wieder an der benötigten Stelle zur Verfügung steht. Die Zugriffszeit setzt sich zusammen aus einem festen Teil (Zeit zum Umlaufen der Bandschleife) und einem variablen Teil, der von der Dichte des Produktstromes auf dem Band abhängt.

Neben der Umlaufpufferung dient diese Bandschleife auch zur Vermeidung von Rückstaus, die beim Überlaufen der Eingangspuffer von Arbeitsplätzen auftreten würden.

Gleichverteilungsstrategien

Die Arbeitsplätze einer Seitenlinie arbeiten z.T. mit stark unterschiedlichen Geschwindigkeiten. Um dem festen Zeittakt der laufenden Transportbänder zu entsprechen, werden die langsameren Arbeitsplätze mehrfach vorgesehen und parallel betrieben. Allerdings genügt es nicht, die Bearbeitungszeiten der parallel betriebenen Arbeitsplätze einfach zu addieren, denn maximale Parallelität kann nur dann erreicht werden, wenn Vollast gefahren wird. In der realen Anlage wird die anfallende Last so auf parallele Arbeitsplätze verteilt, daß sie am Ende einer Schicht möglichst gleichviele Produkte bearbeitet haben.

Steuerung der Montagelinie

Die *Steuerung der Arbeitsplätze* geschieht über die Verfügbarkeit von Produkten: jeder Arbeitsplatz arbeitet seinen lokalen Eingangspuffer normalerweise so schnell wie möglich (ungetaktete Produktion) ab, bzw. geht in einen Wartezustand bei leerem Eingangspuffer. Darüberhinaus wird jeder Arbeitsplatz durch einen vollen Ausgangspuffer (Rückstau) gebremst.

Die *Steuerung der Produkte* ist hierarchisch gegliedert und auf verschiedene Rechner *verteilt*. Auf der Ebene der gesamten Montagelinie (der Spitze der Steuerungshierarchie) steht der schon erwähnte *Prozeßrechner*, der für die Wegesteuerung der Produkte zwischen den einzelnen Seitenlinien zuständig ist. Er kennt weder die Feinstruktur der Seitenlinien noch die Arbeitsplätze in ihnen. Auf der Ebene der Seitenlinien steuert jeweils ein *Seitenlinienrechner* den Produktfluß in einer Seitenlinie. Ein Seitenlinienrechner kennt lediglich seine eigene Seitenlinie mit ihren Arbeitsplätzen und hat keine Kenntnis über weitere Seitenlinien.

Die Übergabe der Steuerung eines Produkts erfolgt jeweils bei den Ein- und Ausschleusvorgängen. Sobald ein Produkt in eine Seitenlinie eingeschleust wird, übergibt der Prozeßrechner die weitere Wegesteuerung an den Seitenlinienrechner, und er übernimmt sie wieder, sobald das Produkt ausgeschleust worden ist[1]. Die Kommunikation in diesem über mehrere Rechner verteilten Steuerungssystem erfolgt durch Austausch von Nachrichten. Die Verteilung der Produkte und ihr Bearbeitungszustand ist zu jedem Zeitpunkt vom zentralen Prozeßrechner zugänglich.

---

1 Die Steuerungshierarchie mit begrenztem Entscheidungsraum auf jeder Ebene ähnelt der hierarchischen Struktur des NBS Modells aus Abschnitt 3.2.

Neben der Steuerung von Produkten überwacht der Seitenlinienrechner die Anzahl der in seiner Seitenlinie befindlichen Produkte. Übersteigt diese Anzahl eine durch die Bandkapazität der Seitenlinie vorgegebene Größe, kommt es zu Behinderungen in dem Produktestrom. Die Behinderungen steigen mit steigender Anzahl der Produkte in der Seitenlinie, bis es zu einem völligen Stillstand des Produktstromes kommt (vgl. mit den Simulationsergebnissen in Kapitel 5). Um dieses unerwünschte Verhalten zu vermeiden, gibt es eine (frei wählbare) *Bestandsobergrenze*. Sobald die Anzahl der Produkte in einer Seitenlinie diese Bestandsobergrenze erreicht, meldet der Seitenlinienrechner dem übergeordneten Prozeßrechner seine Seitenlinie als überlastet. Dieser verhindert dann die Ausschleusung von Produkten in der vor der überlasteten Seitenlinie liegenden Seitenlinie und gibt ihr damit Gelegenheit, die bereits in ihr befindlichen Produkte abzuarbeiten.

Defekte Produkte werden vom Prozeßrechner über die Basislinie zur zentralen Reparaturlinie gesteuert. Von dort werden sie nach erfolgreicher Reparatur in genau die Seitenlinie und an genau den Arbeitsplatz zurücktransportiert, an dem der Produktdefekt festgestellt worden war.

Die Wegesteuerung der Produkte innerhalb der Montagelinie ist ziemlich komplex: sie werden gemäß bestimmter Randbedingungen in produkttypabhängiger Reihenfolge zu den einzelnen Seitenlinien transportiert. Die erste vorgeschriebene Seitenlinie eines Produkttyps heiße FIRST, die zweite SECOND, usw. bis LAST. PRED(n) bezeichne die logisch n vorangehende Seitenlinie und SUCC(n) die logisch auf n folgende Seitenlinie[2]. Der Produktfluß zwischen Seitenlinien kann dann wie folgt beschrieben werden:

1. Jedes Produkt beginnt bei Seitenlinie FIRST.
2. Jedes Produkt wird von einer Seitenlinie S zu SUCC(S) transportiert, solange die Kapazität von SUCC(S) nicht ausgeschöpft ist.
3. Ist die Kapazität einer Seitenlinie S ausgeschöpft, müssen diejenigen Produkte kreisen, welche sich in PRED(S) befinden (produkttypabhängige Unterscheidung).
4. Ist ein Produkt in einer Seitenlinie S und wird es als defekt erkannt, ist SUCC(S)=Reparaturlinie.

---

[2] PRED und SUCC Operatoren sind sinnvoll, denn zwischen Seitenlinie FIRST und Seitenlinie SECOND kann z.B. ein Anlaufen der Seitenlinie Reparatur nötig werden. In diesem Falle ist SUCC (FIRST) eben nicht SECOND, sondern Reparatur.

5. Ist ein Produkt in einer Seitenlinie S und S ist die Reparaturlinie, ist SUCC(S)=PRED(S).
6. Ein Produkt wird aus der Montagelinie ausgeschleust, wenn es fehlerfrei die Seitenlinie LAST passiert hat.

Analog zum Produkttransport zwischen Seitenlinien ist der Produkttransport innerhalb einer einzelnen Seitenlinie festgelegt. Auf dieser Ebene steuert der Seitenlinienrechner für eine Seitenlinie ein Produkt wie folgt:

1. Jedes Produkt beginnt bei Arbeitsplatz FIRST.
2. Ein Produkt überspringt alle Arbeitsplätze einer Seitenlinie, wenn es defekt ist.
3. Wenn ein vorgeschriebener Arbeitsplatz nicht verfügbar ist, muß ein Produkt auf Bearbeitung warten und in der Seitenlinie kreisen.
4. Ein Produkt darf aus der Seitenlinie ausgeschleust werden, wenn es entweder defekt ist und die Reparaturlinie Kapazität frei hat, oder wenn es an allen vorgeschriebenen Arbeitsplätzen bearbeitet wurde und die nächste Seitenlinie Kapazität frei hat.
5. Wenn ein Produkt nicht ausgeschleust werden darf, muß es warten und in der Seitenlinie kreisen.

4.2 Das Planungsmodul FLEX
4.2.1 Aufgaben und Ziele

Für die in Abschnitt 4.1 beschriebene Montagelinie soll im folgenden ein CIM Planungsmodul (mit Namen *FLEX*, Akronym aus "*Flow Line EXpert system*") entworfen und realisiert werden, um dem Fertigungssteuerer (Meister) ein Entscheidungsunterstützungssystem in die Hand zu geben, damit er stets einen optimalen Überblick über die Produktion behält und über prozeßnahe Eingriffs- und Gestaltungsmöglichkeiten verfügt.

Eine wesentliche Aufgabe beim Entwurf eines solchen Planungsmoduls liegt darin, Planungsperiode und Planungshorizont des Moduls so abzustimmen, daß Störungen, wie z.B. Auftragsänderungen, Maschinenstörungen oder Materialengpässe, möglichst durch die routinemäßig ablaufenden Prozeduren bewältigt werden können. Unter Verwendung der Terminologie des Referenzmodells bedeutet das, eine Entscheidungszelle durch einen Entscheidungsrahmen mit großem dispositivem Spielraum unempfindlich gegenüber Störungen zu machen. Der Entscheidungsrahmen selbst dient dazu, den bei konventionellen Planungssystemen (selbst für repetitive Tätigkeiten) üblichen, hohen Detaillierungsgrad der Handlungsvorgaben zu reduzieren.

Die Einengung des Entscheidungsrahmens wird den Entscheidungszellen auf den unteren Hierarchieebenen übertragen und erfolgt auf jeden Fall so spät wie möglich[3]. Damit wird der Versuch unternommen, den zulässigen Handlungsspielraum der Entscheidungszelle lediglich einzugrenzen, so daß bestimmte Aufgaben ohne permanente koordinierende Eingriffe der übergeordneten Entscheidungszelle quasi autonom ablaufen können. Durch dieses Vorgehen hält man sich alle Optionen bis zum letztmöglichen Zeitpunkt offen und erreicht ein großes Maß an Unempfindlichkeit[4] gegenüber internen und externen Störungen [Bünz 88]. Kann eine Entscheidungszelle ihr Entscheidungsziel innerhalb des durch den Entscheidungsrahmen gegebenen dispositiven Spielraum nicht erfüllen, ruft es einen neuen Entscheidungsrahmen von der übergeordneten Entscheidungszelle ab.

Im Bild 4.3 ist das Ergebnis einer GRAI Analyse gezeigt. Es zeigt das gesamte Entscheidungssystem der Fabrik, in das die Montagelinie aus Abschnitt 4.1 integriert ist. (Wie aus dem Bild ersichtlich ist, empfängt die Funktion Qualitätssicherung keinen eigenen Entscheidungsrahmen. Dies liegt daran, daß die Qualitätssicherung in der dargestellten Organisation nicht eigenständig ist, sondern der Funktion Produktion angegliedert ist.)

Die ausschnittsweise Verfeinerung des Entscheidungssystems mit den Funktionen des eigentlichen Fertigungsbereichs (operationales Management mit Produktion, Qualitätssicherung und Instandhaltung) ist in Bild 4.4 gezeigt. Das Planungsmodul FLEX realisiert die Entscheidungszelle *"Bilde Auftragsreihenfolge für Montagelinie"* und seine Entscheidungen berücksichtigen einen Planungshorizont von $H = 1\ Tag$ und eine Planungsperiode von $P = 1\ Stunde$. Von der übergeordneten Entscheidungszelle wird FLEX ein Entscheidungsrahmen vorgegeben, der aus einer (partiell geordneten) Menge von Fertigungsaufträgen mit *Auftragsmenge, Produkttyp und Endtermin* besteht. Dieser Entscheidungsrahmen ist in Bild 4.4 auch angedeutet.

---

3   Enge Entscheidungsrahmen auf noch hohem Hierarchielevel täuschen oft eine nicht existierende Plangenauigkeit vor und führen deshalb zu häufigen und kostspieligen Umplanungen.

4   Ist die MTBF einer Maschine beispielsweise 14 h, ist es unsinnig, für 100 h lückenlos im voraus zu planen: eine Neuplanung wird beinahe sicher erforderlich werden.

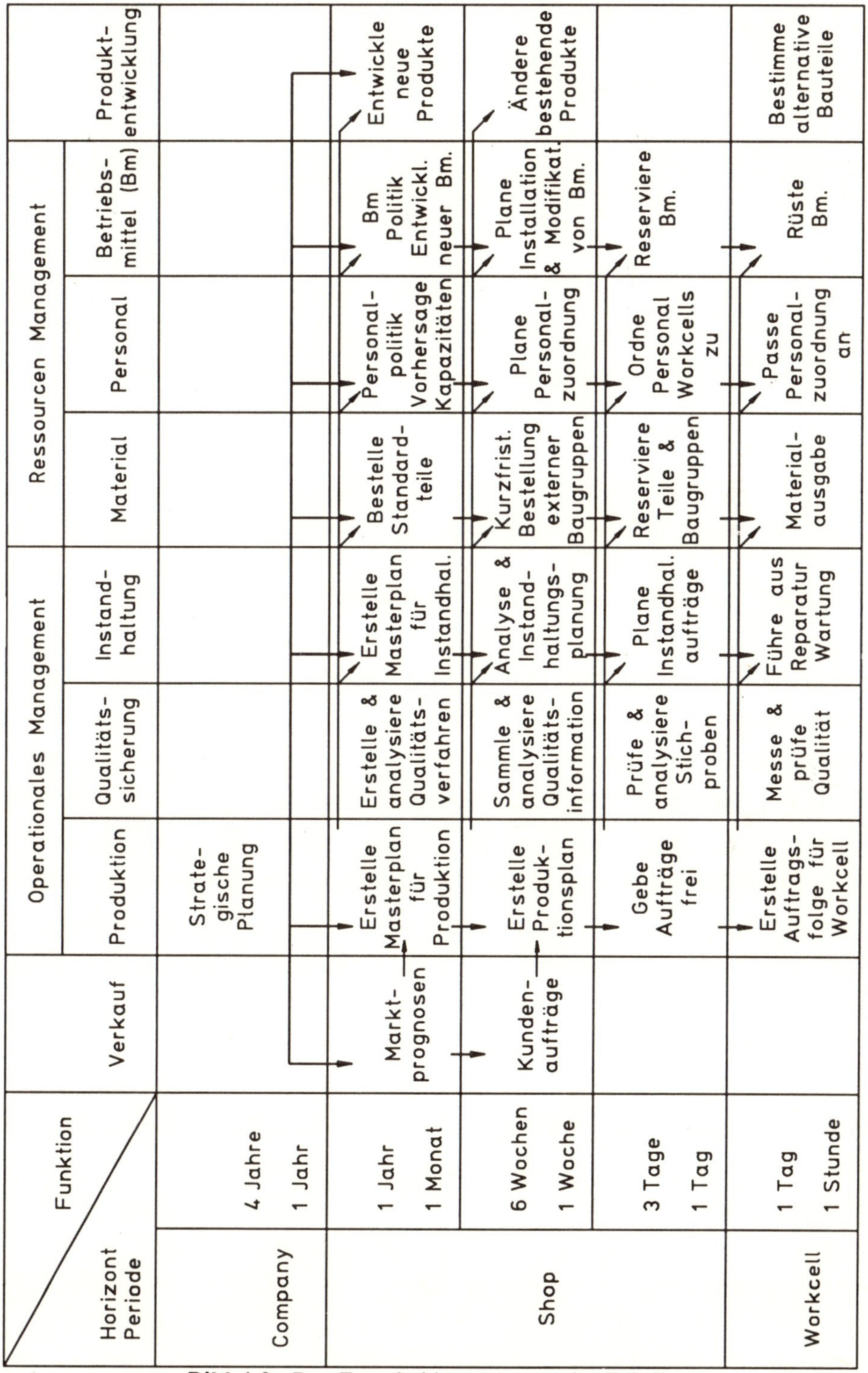

Horizont Periode / Funktion	Verkauf	Operationales Management				Ressourcen Management			Produktentwicklung
		Produktion	Qualitätssicherung	Instandhaltung	Material	Personal	Betriebsmittel (Bm)	
Company 4 Jahre / 1 Jahr		Strategische Planung						
1 Jahr / 1 Monat	Marktprognosen	Erstelle Masterplan für Produktion	Erstelle & analysiere Qualitätsverfahren	Erstelle Masterplan für Instandhal.	Bestelle Standardteile	Personalpolitik Vorhersage Kapazitäten	Bm Politik Entwickl.	Entwickle neue Produkte
Shop 6 Wochen / 1 Woche	Kundenaufträge	Erstelle Produktionsplan	Sammle & analysiere Qualitätsinformation	Analyse & Instandhaltungsplanung	Kurzfrist. Bestellung externer Baugruppen	Plane Personalzuordnung	Plane Installation & Modifikat. neuer Bm.	Ändere bestehende Produkte
3 Tage / 1 Tag		Gebe Aufträge frei	Prüfe & analysiere Stichproben	Plane Instandhal. aufträge	Reserviere Teile & Baugruppen	Ordne Personal Workcells zu	Reserviere Bm.	
Workcell 1 Tag / 1 Stunde		Erstelle Auftragsfolge für Workcell	Messe & prüfe Qualität	Führe aus Reparatur Wartung	Materialausgabe	Passe Personalzuordnung an	Rüste Bm.	Bestimme alternative Bauteile

Bild 4.3: Das Entscheidungssystem der Fabrik

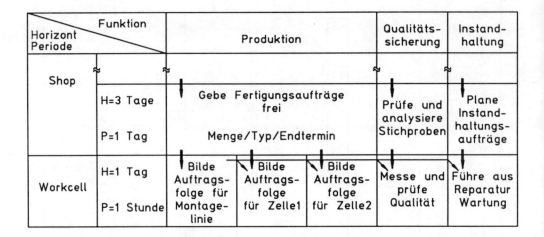

Bild 4.4: Entscheidungsgitter auf den Ebenen Shop und Workcell

Die Aufgaben des Planungsmoduls FLEX im einzelnen sind:

1. Bildung einer "guten" Auftragsreihenfolge unter Berücksichtigung vielfältiger Randbedingungen (*Aspekt der Planung*).
2. Abstimmung der Auftragsreihenfolge mit den Anforderungen der Instandhaltung sowie der just-in-time liefernden Leiterplatten- und Laufwerksfertigung (*Aspekt der Synchronisation*).
3. Erkennen von Engpässen in der laufenden Produktion und Ursachenfeststellung (*Aspekt der Überwachung*).
4. Vorhersage von Störungsauswirkungen und der Tagesproduktionsleistung (*Aspekt der Extrapolation*).

Eine Optimierung der Losgrößen ist keine Aufgabe, da die Montagelinie bereits für Losgröße 1 vorbereitet ist. Die mit FLEX verfolgten Ziele sind, hohen Durchsatz bei geringen Kosten sowie sichere Einhaltung der Auftragsendtermine zu erreichen. Eine Minimierung der Durchlaufzeit ist explizit kein Entscheidungsziel, denn die Produktdurchlaufzeit ist in der vorliegenden Montagelinie mit ca. 4h (bei störungsarmem Betrieb) beinahe vernachlässigbar.

Die *zentrale Stellung* von FLEX wird nochmals in Bild 4.5 verdeutlicht. Vom übergeordneten konventionellen PPS System (COPICS) wird FLEX ein Entscheidungsrahmen vorgegeben. FLEX koordiniert die möglichen Auftragsreihenfolgen über Anforderungen mit der Leiterplatten- und Laufwerksfertigung sowie dem Bereich Instandhaltung. Das Ergebnis dieser Koordination bildet die Eingabe für den Fertigungsrechner.[5]

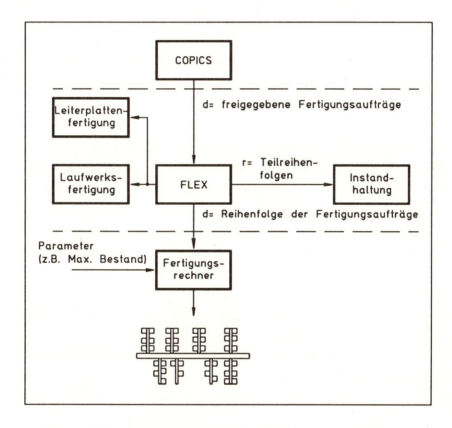

Bild 4.5: Systemumgebung des Planungsmoduls FLEX

Mit FLEX wird der Weg verfolgt, dem Disponenten auf der operativen Fertigungsebene ein wissensbasiertes Planungs- und Überwachungsinstrument zur Erfüllung seiner täglichen Aufgaben zur Verfügung zu stellen, damit er auf aktuelle betriebliche Situationen im Sinne der Unternehmensziele reagieren kann und nicht nach persönlichen Zielgewichtungen entscheidet. FLEX bietet für den Disponenten eine Entscheidungsunterstützung, kann

---

5 Ein ähnliches Ziel, nämlich die Verbindung eines konventionellen PPS Systems mit Expertensystemen, wird u.a. bei [Mertens et al 89] angestrebt.

aber bei entsprechender Erweiterung eventuell autonom arbeiten und in konkreten Fertigungssituationen eine automatische Generierung von Auftragsreihenfolgen mit domänenspezifischem Wissen vornehmen.

4.2.2 Funktionale Architektur von FLEX

Das in Abschnitt 3.4.3 entwickelte, allgemeine CIM Modul wird als Vergleichsnormal zur Gestaltung der anwendungsspezifischen Architektur des Planungsmoduls FLEX verwendet und in Bild 4.6 gezeigt. Die Planungskomponente wird durch einen Entscheidungsrahmen d zu einem Planungslauf gestartet. Nach Koordination mit den anderen Modulen, die wie in Abschnitt 3.4.3 beschrieben abläuft, ergibt sich als Ergebnis des Planungslaufs eine Auftragsreihenfolge, die durch $d_1...d_p$ beschrieben wird (SOLL-Werte). Die Überwachungskomponente ermittelt die IST-Werte (Auftragsfortschritt und beanspruchte Zeitdauer), die aus der Endmontagelinie in Form der Prozeßdaten $e_1...e_n$ rückgekoppelt werden, und aktualisiert die Modellkomponente. Mit der Modellkomponente können Handlungsalternativen ermittelt und die Auswirkungen jeder Alternative gezielt bewertet werden.

In den drei Kapiteln 5 bis 7 werden diese drei Komponenten von FLEX und die zu ihrer Realisierung verwendeten KI Techniken ausführlich vorgestellt. Hier soll nur eine Charakterisierung der Komponenten erfolgen:

1. Planungskomponente
Die Planungskomponente von FLEX (Teilsystem TIC, *"temporal inference component"*) erzeugt Auftragsreihenfolgen unter Berücksichtigung aktueller Informationen der Montagelinie, der Instandhaltung und den Anforderungen der Leiterplatten- und Laufwerksfertigung.

Ein rechnergestütztes Erzeugen von Auftragsreihenfolgen muß zunächst einmal sämtliche möglichen Reihenfolgen untersuchen. Da aber die Anzahl der Lösungen mit der Anzahl der Aufträge faktoriell wächst, ist es zwingend notwendig, den Lösungsraum durch geeignete Heuristiken zu verkleinern. Die heute verbreiteten, rein algorithmischen Verfahren arbeiten unter einer einfachen Zielsetzung: sie optimieren ein Ziel (häufig den Materialfluß) und ignorieren sämtliche anderen Einflußgrößen.

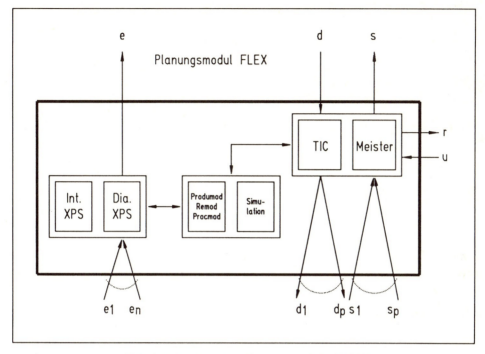

Bild 4.6: Aufbau des Planungsmoduls FLEX

Die so erhaltene, optimale Auftragsreihenfolge geht aber meist von bestimmten Annahmen über zukünftige Ereignisse aus und ist wegen der a priori Unsicherheiten sehr wahrscheinlich bald schon nicht mehr optimal. Auf diese Tatsache weisen auch French und McKay hin. French betont, daß die a priori Unsicherheit den wichtigsten Einfluß auf einen Maschinenbelegungsplan hat [French 82]. Für McKay ist sie der größte Störfaktor in der Maschinenbelegung und er unterscheidet sie nach [McKay 88]:

- Varianz der Materialanlieferung
- Varianz der Bearbeitungszeiten
- Varianz der Ausfälle von Produkten
- Varianz der Ausfälle von Maschinen

In der Planungskomponente von FLEX wird deshalb nicht versucht, optimale Auftragsreihenfolgen im Sinne des Operations Research zu berechnen, sondern mittels Heuristiken *gute und robuste Auftragsreihenfolgen* zu finden, die ein Maximum an Spielraum lassen, um die genannten Varianzen auszugleichen. Optimiert wird damit nicht die Maschinenbelegung, sondern der Grad der Fertigungsflexibilität. Sollte eine Umplanung erforderlich werden, wird i.a. nur der Schedule (vgl. Hinweis in Abschnitt 2.1) neu gemacht, während die gewählte Reihenfolge häufig beibehalten werden kann.

Der Formalismus "Beschränkung" ("*constraint*") stellt wegen Unsicherheit, Unvollständigkeit und Zeitabhängigkeit der Daten bzw. des Wissens eine zweckmäßige Wissensrepräsentationsform für die Maschinenbelegungsplanung dar, da alle Randbedingungen, die von der Lösung eingehalten werden müssen, repräsentierbar werden. Ein wesentlicher Vorteil des Beschränkungsformalismus besteht in der Modularität der Repräsentation und damit der Möglichkeit, Wissen inkrementell (so wie es bekannt wird) hinzufügen. Mit der *inkrementellen Wissensaddition* geht auch eine stufenlose Verringerung der Planungsfreiheit einher. Im Unterschied zu z.B. Produktionsregeln ist auch eine Ableitungsrichtung nicht fest vorgegeben, so daß sie mittels Heuristiken gesteuert werden kann. Im Abschnitt 7.4.3 wird diese Eigenschaft des Beschränkungsformalismus ausgiebig verwendet werden.

2. Modellkomponente

Die Modellkomponente von FLEX unterteilt sich in die drei (teils statischen, teils dynamischen) Teilmodelle *Produktmodell, Ressourcemodell, Prozeßmodell* und eine *Simulation*. Unter der inoffiziellen Bezeichnung STEP ("*Standard for the Exchange of Product data*") wird unter der Koordination der ISO ("*International Organization for Standardization*") eine Standardisierung der externen Repräsentation von Produktdaten in einem Produktmodell angestrebt (nach [Scholz 88]). Ziele sind die langfristige Zugriffsmöglichkeit und Verständlichkeit, Vollständigkeit und Integrität der Produktdaten sowie ihre Austauschbarkeit zwischen Programmsystemen verschiedener Hersteller. Die angestrebte Standardisierung ist jedoch noch weit von ihrer Verabschiedung durch die ISO entfernt, so daß in der Modellkomponente des Planungsmodul eine andere Repräsentation gewählt wurde. Die gewählte Repräsentation orientiert sich an den übrigen Komponenten des Planungsmoduls und ist objektorientiert (bzgl. des Produkts als Objekt, Abschnitt 4.3). Damit wird die schnittstellenfreie Verknüpfung der Planungs- und Überwachungskomponente sowie eine große Flexibilität und Transparenz der Modellkomponente erreicht.

Von den drei Teilmodellen ist das Produktmodell das wichtigste: schließlich ist die Hauptaufgabe einer Produktionsanlage die Herstellung von Produkten, und sämtliche Produktionsdaten haben in irgendeiner Weise mit dem Produkt zu tun. Sinn eines Produktmodells ist es, über eine gemeinsame Produktdatenbasis für die an den produktrelevanten Daten- und Informationen interessierten Softwarekomponenten zu verfügen. Das Produktdatenmodell beschreibt die auf jeder hierarchischen Ebene relevante Teilmenge der vollständigen Produktinformation, im vorliegenden Fall, welche Produkte gefertigt werden und wie (Stücklisten) sie strukturiert sind.

Das Ressourcemodell beschreibt die relevanten Daten der Ressourcen der gerade betrachteten Entscheidungszelle in Form von Kapazitäten und Verfügbarkeitskennwerten (MTBF *"mean time between failures"*, MTTR *"mean time to repair"*). Das Prozeßmodell beschreibt die Aufträge und die zwischen Produkten und Ressourcen bestehenden Beziehungen relational, d.h. wie die Produkte des Produktmodells auf den Ressourcen des Ressourcemodells bearbeitet werden. Im unserem Fall stehen hier die Informationen zur Wegesteuerung (welche Produkttype an welchen Ressourcen bearbeitet werden muß) und die ressourcespezifischen Produktausfallraten.

Die Produkt-, Ressource- und Prozeßmodelldaten sind in dem objektorientierten, framebasierten Simulationsmodell implementiert. Simulation ist das *Komplement zum Planen*: während bei der Planung Anfangs- und Zielzustand gegeben sind und eine Folge von Aktionen zum Erreichen des Zielzustandes gesucht wird, sind bei der Simulation der Anfangszustand und Vorschriften zum Erzeugen von Folgezuständen bekannt und gesucht ist der Endzustand. Die Verwendung der Simulationstechnik hat zwei Gründe:

1. Mit den drei deterministischen Größen Mengen, Termine und Durchnittsbearbeitungszeiten, wie sie dem PPS System bekannt sind, läßt sich der Fertigungsablauf soweit beschreiben, daß er grob geplant werden kann. Trotzdem verbleiben eine Reihe von Unsicherheiten für die Feinplanung, weil es sich um Durchschnittswerte oder um idealisierte Modellannahmen handelt, in denen die nicht planbaren Ereignisse wie Störungen im Fertigungsablauf nicht genau berücksichtigt werden können. Solche Störungen treten in der Fertigungspraxis in vielfältiger Art auf. Beispielsweise bedeuten Maschinenausfälle, Material- oder Qualitätsprobleme eine Verringerung der nutzbaren Kapazität der Betriebsmittel. Aufgabe der Simulation ist in diesem Fall zu quantifizieren, bei welcher Art von Störung und ab welcher Störungslänge signifikante Leistungsverluste auftreten (Störungsextrapolation).
Die Integration der Simulationstechnik in das Planungsmodul trägt dazu bei, daß detaillierte und *quantitativ fundierte Planungsdaten* für die Planung sowie anschließend für die Bewertung der Lösungen bereitstehen. Dazu wird im Anschluß an die Berechnung von

Auftragsreihenfolgen eine deterministische Simulation gestartet, um zu sehen, welche Auswirkungen bestimmte vorgesehene Eingriffe (z.B. geplante Instandhaltung, Änderung der Auftragsreihenfolge) auf das Verhalten der Montagelinie haben.

2. Während bei der Planung die Frage nach der technischen Realisierbarkeit maßgeblich ist, stehen für die Steuerung v.a. auch Fragen nach dem Ablauf und der Dynamik des Fertigungsablaufes im Vordergrund. Für den Fertigungssteuerer bedeutet die Vielfalt der Einflußgrößen die größte Schwierigkeit in der Erfüllung seiner Aufgaben. Mit dem Einsatz der Simulation ist es möglich, die Wirkung dieser Einflußgrößen a priori systematisch zu untersuchen und Aussagen darüber zu gewinnen, wie sensitiv die Montagelinie auf Parameteränderungen reagiert. Häufig lassen sich daraus Heuristiken für die Organisation des Fertigungsablaufs gewinnen. Die so gewonnenen Heuristiken sind zwar erst einmal spezifisch für die vorhandene Fertigungsanlage mit ihrem typischen Produktionsprogramm und dem vorgeschriebenen Materialfluß, können aber meist verallgemeinert werden. Nach Weßel entwickelt sich so aus *Systemverständnis* die *Basis für Systembeherrschung* [Weßel 88].

3. Überwachungskomponente

Der hohe Grad der Verkettung in der Montageline führt zu einer hohen Empfindlichkeit gegenüber Störungen, denn wenn ein Teilsystem gestört ist, kommt es dadurch, daß sich nur kleine Puffer zwischen den Arbeitsplätzen befinden, zu Folgestörungen[6]. Die Aufgabe der Überwachungskomponente von FLEX (Teilsystem FAS, "*Flow line Analysis and Supervision*") ist es, dem Benutzer anomale oder unerwünschte Situationen in der Montagelinie frühzeitig zu zeigen (*Störungserkennung*). Das allein genügt jedoch meist nicht. Das Verhalten des Fertigungssteuerers auf erkannte Störungen kann problematisch sein: obwohl er über reichliches Erfahrungswissen verfügt, reagiert er oft auf einzelne Symptome, ohne deren genaue Ursachen zu kennen oder deren Folgen genau abschätzen zu können. Es verbleibt demnach das Problem der Ursachenfeststellung (*Störungsdiagnose*), der Fortschreibung der Störung (*Störungsextrapolation*) in die Zukunft und die örtliche Fehlerbegrenzung durch eine Umplanung.

Die Überwachungskomponente besteht aus zwei Teilen: einer Vorverarbeitung der Prozeßdaten (Interpretation) und einer Weiterverarbeitung der Ergebnisse (Diagnose) der Vorver-

---

[6] In der Montagelinie aus Abschnitt 4.1 können Produktfehlerraten bis zu 25% auftreten, die sich ausbreiten können und dann starken Einfluß auf den Gesamtdurchsatz haben.

arbeitung. Zur Interpretation werden die Prozeßdaten online aus dem Prozeßrechner entnommen, denn nur wenn Störungen (Planabweichungen) in der laufenden Fertigung sofort erkannt und die verfügbaren Kapazitäten nicht pauschal in Form ihrer Durchschnittswerte, sondern in ihrer tatsächlichen Größe bekannt sind, läßt sich eine korrekte Planungsvorgabe erstellen. Planabweichungen können antizipierend oder verfolgend entdeckt werden: aus einem antizipierenden SOLL/IST Vergleich mit der Simulation folgen präventive Maßnahmen und aus einem verfolgenden SOLL/IST Vergleich mit der Diagnose folgen korrektive Maßnahmen.

4.3 Repräsentation von Wissen
4.3.1 Übersicht über die Wissensrepräsentation

Ein wissensbasiertes Planungsmodul wie FLEX muß eine Repräsentation der Welt besitzen, d.h. auf eine Menge von Fakten zugreifen, sie manipulieren und erweitern können (metaphysisches Postulat). Dieses Wissen muß in einem Rechner geeignet repräsentiert werden. Zur Repräsentation von Fakten wird ein Formalismus verwendet, der die Lösungen eines Problems als Schlußfolgerungen enthält (erkenntnistheoretisches Postulat). Dieser Abschnitt gibt eine Übersicht über die im KI Bereich verwendeten Formalismen der Wissensrepräsentation. Eine gute Einführung in dieses Arbeitsgebiet findet sich bei [Lehmann 89], eine ausführliche Darstellung wird von den Arbeiten in [Brachmann, Levesque 85] vorgenommen.

Der Begriff *Wissensrepräsentation* dient zur Bezeichnung von Aktivitäten zur formalen symbolischen Abbildung (Modellierung) von Weltausschnitten für Programmsysteme der KI. Durch die vielfältigen Anwendungsgebiete der KI sind eine Vielzahl von Programmierstilen[7] entwickelt und durch Implementationen von Programmiersprachen operationalisiert worden. Neben dem anweisungsorientierten (und sogenannten konventionellen) Programmierstil entwickelten sich:

- der *funktions*orientierte Programmierstil

---

[7] Der Begriff *Programmierstil* soll nicht dazu dienen, Programme als gut oder schlecht einzuschätzen, sondern soll zur Klassifikation von Programmen benutzt werden.

- der *logik*orientierte Programmierstil
- der *regel*orientierte Programmierstil
- der *objekt*orientierte Programmierstil

Die dazugehörigen Programmiersprachen werden mit dem Suffix "-basiert" gekennzeichnet, wenn sie eine hohe Affinität zu einem Programmierstil aufweisen:

- Fortran ist eine *anweisungs*basierte Programmiersprache
- LISP ist eine *funktions*basierte Programmiersprache
- Prolog ist eine *logik*basierte Programmiersprache
- OPS-5 ist eine *regel*basierte Programmiersprache
- Smalltalk ist eine *objekt*basierte Programiersprache

Allerdings machen viele dieser Programmiersprachen Zugeständnisse an den ihnen zugrundeliegenden Programmierstil und erlauben auch die Verwendung eines anderen Programmierstils. Tatsächlich kann in LISP sowohl rein funktionsorientiert als auch anweisungsorientiert (in Anweisungsfolgen wie in konventionellen höheren Programmiersprachen) programmiert werden.

Was diese neuen Programmiersprachen nun gegenüber den konventionellen Sprachen auszeichnet, ist die Entwicklung von neuen Modellen zur Verarbeitung von Wissen. Der Unterschied von Daten und Wissen ist der, daß Daten losgelöst von den sie verarbeitenden Prozeduren existent sind und von jeweils fallspezifisch zu entwickelnden Prozeduren verarbeitet werden. Wissen hingegen besteht immer aus den Daten und den dazugehörigen Verarbeitungsprozeduren, und wissensbasierte Software-Entwicklung sieht die Reintegration der strukturierten Programmierung und der funktionalen Datenabstraktion als Ziel.

Die Wissensrepräsentation unterscheidet einerseits verschiedene *Wissensklassen* und andererseits unterschiedliche *Wissensdarstellungen*. Die zwei Wissensklassen sind *Bereichswissen* und *Kontrollwissen*. Bereichswissen umfaßt, wie der Name schon sagt, die Gesamtheit der von einem Bereich bekannten Fakten. Kontrollwissen ist das Wissen um die Anwendung des Bereichswissens und die Vorgehensweise zum Erzielen eines gewünschten Ergebnisses. Kontrollwissen wird meist in Form von Heuristiken verwendet und dient zur Einschränkung der Suche für die Lösung eines gegebenen Problems (heuristische Suche). Zwei Ideen stehen hinter heuristischer Suche:

Kap. 4   Realisierung mit dem Referenzmodell

1. Intelligentes Verhalten kann als Suchprozeß aufgefaßt werden, d.h. als Suche nach Lösungen für das vorgegebene Problem.
2. Der Suchraum für Probleme, die intelligentes Verhalten erfordern, ist normalerweise so groß, daß ein intelligentes System Heuristiken als spezielle Form von Metawissen benutzen muß, um ihn in Anbetracht der endlichen Ressourcen (Zeit und Raum[8]) zu einer handhabbaren Größe zu verkleinern.

Bis heute gibt es keine formale Definition von Heuristik aus der KI und so werden zwei unterschiedliche Dinge mit dem Begriff Heuristik[9] bezeichnet:

- eine Heuristik ist zusätzliches, zur Steuerung der Suche verwendetes Expertenwissen (also Kontrollwissen, wie schon oben dargestellt)
- eine Heuristik drückt "flaches" oder "ungenaues" Wissen aus

Die zwei wesentlichen Wissensdarstellungen sind die *deklarative*[10] und *prozedurale*[11] Darstellung, die aus epistemologischer Sicht lediglich durch unterschiedliche Betrachtungsebenen charakterisiert sind. Ein deklarativer Formalismus macht explizite Aussagen über die Beziehungen zwischen den Ein- und Ausgaben eines Systems, macht aber keine Aussage über den Weg, der von einer bestimmten Eingabe zu einer bestimmten Ausgabe führt (*"black box"*). Ein prozeduraler Formalismus spezifiziert im Unterschied dazu genau diesen Weg durch Angabe einer Bearbeitungsvorschrift (operativer Gesichtspunkt) von der Eingabe zu der Ausgabe, während er die Beziehung zwischen Eingabe und Ausgabe implizit läßt. Der prozedurale Formalismus liefert schließlich ein Ergebnis, ohne jedoch Einblick in die Art und Weise zu geben, wie dieses zustande gekommen ist. Im Gegensatz dazu ist gerade diese beschreibende Komponente Hauptmerkmal eines deklarativen Formalismus. Hier kann und soll das repräsentierte Wissen examiniert und unter Umständen

---

8   Zeit beschreibt dabei den Zeitbedarf des Systems für die Ausführung der Operationen, um die Lösung zu finden. Raum meint den notwendigen Beschreibungsumfang zur Beschreibung der Zwischenlösungen auf dem Weg zur gesuchten Lösung.

9   Ethymologisch stammt Heuristik vom Verb *heuriskein* (griech. = finden) ab. Die ersten Heuristiken gehen auf den Griechen Euklid zurück. Einen historischen Überblick über die dann einsetzende Entwicklung findet sich in [Groner et al 83].

10   Deklaratives Wissen ist eine Menge von Fakten und statisch in einer Wissensbasis beschreibbar. Auf dieser statischen Wissensbasis operiert ein allgemeiner Schlußfolgerungsmechanismus (Inferenzmaschine), der diese Wissensbasis interpretiert und unabhängig von ihrem speziellen Inhalt ist.

11   Prozedurales Wissen besteht aus einer Menge von Prozeduren. Das System "weiß" etwas, wenn es eine Prozedur besitzt, die die entsprechenden Aktionen durchführt.

auch modifiziert werden. Damit unterscheiden sich diese beiden Formalismen in erster Linie hinsichtlich der Zugriffsmöglichkeiten auf das repräsentierte Wissen. Gleichzeitig ist die deklarative Darstellung damit auch abstrakter als die prozedurale [Furbach 88].

Die frühen Methoden der Wissensrepräsentation benutzten das deklarative Prädikatenkalkül (Prädikatenlogik 1. Ordnung) als ihre Repräsentationssprache. Traditionellerweise gilt Logik als Sprache für mathematische Fragestellungen und war daher lange Zeit nur für Spezialisten dieses Gebietes von Interesse. Um 1970 wurde jedoch erkannt, daß logische Axiome auch zur Darstellung beliebiger Tatbestände verwendet werden können. Fragen über diese Tatbestände werden als logische Theoreme formuliert, die von einem entsprechenden Interpreter automatisch aus den gegebenen Axiomen bewiesen werden. Variablen innerhalb von Fragen werden während des Beweises an Werte gebunden, die als Resultate ausgegeben werden. Es wird von Berechnung durch Beweis gesprochen. Logische Programmierung besteht also aus der Verwendung von Logik für die explizite Repräsentation von Problemen und ihren Wissensbasen, zusammen mit der Verwendung von kontrollierter logischer Inferenz zur Lösung dieser Probleme. Kowalski, einer der Gründer der logischen Programmierung, prägte die Formel: *Algorithm = Logic + Control*.

Die Vorteile dieser Repräsentation liegen in der Ausdruckstärke, der einfachen Notation und wohldefinierten Semantik sowie in der Darstellung von Inferenz als Beweisverfahren. Nachteilig ist, daß dieser Formalismus keine Konstrukte bietet, um etwa Beziehungen zwischen Prädikaten, zeitliche Beziehungen, Aussagen über Aussagen, hypothetische Annahmen, Heuristiken, subjektive Überzeugungen und Wahrscheinlichkeitsaussagen auszudrücken oder mit vagen Begriffen und Aussagen umzugehen. Deduktive Inferenzen können weiterhin sehr ineffizient sein und es fehlen die Mittel zur Strukturierung einer Wissensbasis, Formulierung prozeduralen Wissens und adäquate Möglichkeiten zur Definition komplexerer Konstrukte. Ein weiterer wesentlicher Nachteil ist, daß insbesondere die Anwendungsexperten, die damit umgehen sollen, Verständnisprobleme haben.

Ein Teil der genannten Nachteile werden nun gerade von den (später entstandenen) prozeduralen Repräsentationsmethoden behoben. Die kontroverse Auseinandersetzung, ob nun die deklarative oder die prozedurale Repräsentation "besser" ist, ist in der KI als die *"declarative/procedural controversy"* bekannt.

Eine wesentliche Schwäche dieser beiden Repräsentationen ist jedoch geblieben: Wissen bleibt unstrukturiert repräsentiert und führt schnell zum Verlust der Transparenz und zu schlechter Wartbarkeit. Diese Feststellung betrifft vor allem Sprachen wie Prolog und OPS5. Es ist zwar mit gewissen Einschränkungen auch in regelbasierten Systemen eine Strukturierung des Wissens möglich, jedoch liegt diese Strukturierung nicht in den Möglichkeiten der Regeldarstellung begründet, sondern kommt dadurch zustande, daß der Entwickler a priori Regelgruppierungen vornimmt. Mit der Vermischung der Wissensklassen, also Vermischung von Kontrollwissen (wann eine Regel angewendet werden darf und was sie bezweckt) und dem eigentlichen Bereichswissen verliert ein System entscheidend an Flexibilität. Schon eine Anpassung an eine etwas anders geartete Problemstellung bedeutet normalerweise erheblichen Umstellungsaufwand oder komplette Neuprogrammierung.

4.3.2 Strukturierte Wissensrepräsentation mit Objekten

Die strukturierte Wissensrepräsentation in Form von Objekten stellt eine bedeutsame Entwicklung dar, die sich in ihrer Bedeutung am ehesten mit einem neuen Paradigma des Programmierens umschreiben läßt.
Anfang der sechziger Jahre wurde von Kuhn der Begriff *Paradigma* in die Wissenschaftstheorie eingeführt. Ein Paradigma ist durch die Menge der anerkannten Gegenstände, Theorien, Lehrinhalte und Methoden einer Wissenschaft festgelegt. Es ist somit die in einem Zeitraum gültige Weltanschauung einer Wissenschaft (ihr Erklärungsmodell) und leitet ihr Verständnis, ihre Beobachtungen und ihre Erklärungen zu empirischen Daten. Ein Paradigmenwechsel wird notwendig, wenn das alte Paradigma auftretende Erklärungsprobleme innerhalb seiner Methoden und Techniken nicht mehr zufriedenstellend lösen kann. Wenn ein Paradigmenwechsel infolge von Erkenntnisfortschritten stattfindet, können die empirischen Daten bestehen bleiben. Was sich ändert, ist allein die Art und Weise, wie sie im neuen Paradigma interpretiert werden.

Die Erkenntnis der Vor- und Nachteile der beiden im vorigen Abschnitt vorgestellten Wissensdarstellungen motivierte einen Paradigmenwechsel und die Entwicklung von *strukturierten* bzw. *objektorientierten* Repräsentationssprachen (in der Ausprägung relationale Graphen und semantische Netze). Objektorientierte Wissensrepräsentation ist weder rein deklarativ noch rein prozedural: sie ist deklarativ mit prozeduralen Elementen, d.h. an die Variablen der Objekte können Prozeduren angehängt werden ("*procedural attachement*"). Damit werden die eben erwähnten Nachteile bei der Verwendung von nur einer Repräsentation vermieden. Bild 4.7 zeigt, wie durch deklarative und prozedurale Bestandteile ein objektorientiertes Programm entsteht.

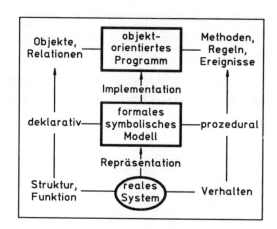

Bild 4.7: Modellierung eines realen Systems in einem objektorientierten Programm

Objekte werden durch Relationen zueinander in Beziehung gesetzt, um eine Strukturierung der Wissensbasis zu erzielen. In der Strukturierung liegt bereits die Lösung: die Struktur ist per se Teil der Lösung. Eine solche Struktur bildet einen gerichteten Graphen mit Knoten und Kanten. Die Knoten repräsentieren Objekte, Konzepte oder Ereignisse, während die Kanten binäre Relationen zwischen ihnen beschreiben.

Die drei in der KI am häufigsten verwendeten Relationen[12] sind:

1. Die Generalisierung (*SUBCLASS-OF*) verbindet ein Objekt mit einem allgemeineren Objekt.

   Beispiel: Wellensittich SUBCLASS-OF Vogel

2. Die Individualisierung (*INSTANCE-OF*) verbindet eine Instanz mit seinem generischen Objekt.

   Beispiel: Hansi INSTANCE-OF Wellensittich

---

[12] In der Datenbanktechnik werden diese Abstraktionsprinzipien als *Subsumption*, *Subordination* und *Komposition* bezeichnet.

3. Die Aggregierung (*PART-OF*) verbindet Teile mit dem dazugehörigen Objekt.
   Beispiel: Flügel PART-OF Vogel

Wenn eine Relation als Prädikat mit den Objekten als Parametern betrachtet wird, läßt sich ein semantisches Netz unmittelbar im Prädikatenkalkül 1. Ordnung darstellen. Wenn nach einer geeigneten Darstellungsart für die Knoten eines semantischen Netzes gesucht wird, das eine Beschreibung der Eigenschaften der Objekte und der Relationen zwischen den Objekten einschließt, kommt man auf die Konzepte *Frames* und *objektorientierte Programmierung*. Beide Konzepte haben sich mehr oder weniger unabhängig entwickelt.

Der objektorientierte Programmierstil ist primär eine Weiterentwicklung der strukturierten Programmierung aus dem Bereich des Software Engineering zu noch mehr Modularität, indem er eine stärkere Datenabstraktion (Prinzip abstrakter Datentyp) erlaubt und besonders unempfindlich gegenüber Änderungen in Teilsystemen ist. Seine Konzepte und Prinzipien können einer ganzen Reihe von Veröffentlichungen entnommen werden (z.B. [Goldberg, Robson 83], [Brad 87]). In der Programmiersprache Simula wurde zum ersten Mal der objektorientierte Programmierstil verwendet. Es entstanden daraus verschiedene Weiterentwicklungen, wie SMALLTALK, sieben Actor-sprachen und verschiedene objektorientierte Cs. Eine faktenreiche Übersicht über die bekannten objektorientierten Sprachen gibt [Saunders 89].

Frames gleichen dem Objektkonzept der objektorientierten Programmierung: sie sind wie Objekte benannte Strukturen, haben sich aber im KI Bereich entwickelt. Frames stellen eine Erweiterung der Property-Listen, die von LISP her bekannt sind, dar, und gehen auf Minsky zurück, der damit generische Objekte, Gesetzmäßigkeiten und Ereignisse repräsentieren wollte [Minsky 75]. Ein Frame beschreibt deklarativ, welche Eigenschaften das repräsentierte Objekt hat. Gleichzeitig gibt es keine Möglichkeit zur deklarativen Darstellung, was mit diesen Eigenschaften zu geschehen hat und wie sie zu benutzen sind. Der einzige Weg dazu ist das oben erwähnte procedural attachement, d.h. es müssen Prozeduren bzw. Funktionen in der darunterliegenden Programmiersprache (z.B. in Lisp wie in den framebasierten Systemen KEE [Fikes, Kehler 85] und KL-ONE [Brachmann, Schmolze 85]) geschrieben und mit dem Frame verbunden werden. Erst dieses procedural attachement ermöglicht es, objektorientiertes Programmieren mittels Frames zu realisieren, wobei durch Frames repräsentierte Objekte auf Nachrichten antworten können.

In den heutigen lispbasierten Softwareentwicklungsumgebungen wird die objektorientierte Programmierung meist auch mittels Frames realisiert, d.h. Objekte werden im Verhältnis 1:1 als Frames repräsentiert. Ein in diesem Stil entwickeltes System zeichnet sich durch Verständlichkeit, Überschaubarkeit, Modularität und damit Änderungsfreundlichkeit aus. Die beiden Begriffe Objekt und Frame werden häufig synonym verwendet. Als Beitrag zur Begriffsklärung wird hier nochmals auf den Unterschied hingewiesen: *ein Frame ist die Repräsentation eines Objektes in Lisp.*

Im Gegensatz zum konventionellen Programmierstil, bei denen ein Gesamtsystem durch funktionale Dekomposition in Teilprozesse zergliedert wird, unterstützen objektorientierte Sprachen eine Sicht, deren Hauptkonzept eben die Objekte sind. In einem *Objekt* sind Daten in Form von *Attributen* und Programmcode in Form von *Methoden* zusammengefaßt. Objekte bieten die Möglichkeit, eine Anzahl inhaltlich zusammengehöriger Sachverhalte in einer komplexeren Wissenseinheit (eben in einem Objekt) zusammenzufassen und damit gleichzeitig deutlich von anderen Sachverhalten abzugrenzen. Auf alle relevanten Sachverhalte einer solchen komplexen Wissenseinheit kann praktisch gleichzeitig zugegriffen werden.

Klassenbildung ist das Instrument zur Strukturierung von Objekten. Subklassen *erben* die Eigenschaften ihrer Vorgängerklassen: ein Objekt einer Subklasse besitzt die gleichen Attribute und kennt die gleichen Methoden wie die Vorgängerklasse. Bei der Definition einer Subklasse können aber weitere Attribute und Methoden hinzugefügt und die Definitionen ererbter Methoden modifiziert werden (Spezialisierung). Bei der multiplen Vererbung kann eine Subklasse Attribute und Methoden über mehrere Ebenen und von mehreren Vorgängern erben. Durch fortwährende Klassenbildung erhält man eine Bibliothek von Klassen. Von einer Klasse lassen sich beliebig viele Kopien (*Instanzen*) erzeugen, die modifiziert werden können, ohne daß die Klasse selbst oder andere Instanzen dieser Klasse tangiert werden.

Im Vordergrund objektorientierter Sprachen steht die Idee von abstrakten Datentypen, Datenkapselung, Nachrichtenaustausch, Vererbung, dynamisches Binden und die Überladung von Operatoren. Überladung von Operatoren heißt, dasselbe Operatorsymbol mehrfach zu verwenden und verschiedene Datentypen mit denselben Operatoren zu beschreiben. Ein abstrakter Datentyp definiert eine Klasse von Objekten, die durch die Operationen, die mit diesen Objekten ausführbar sind, vollständig charakterisiert sind.

Kap. 4　　　Realisierung mit dem Referenzmodell　　　81

Die Abstraktion besteht darin, daß die irrelevanten Details (insbesondere die Repräsentation der Objekte im Speicher und die algorithmische Realisierung der Operationen) nicht betrachtet werden, sondern die Identität eines Objektes durch sein beobachtbares Verhalten (seine Wirkung) auf seine Umgebung festgelegt wird. Somit gilt für einen ADT:

1. Die Spezifikation der Schnittstelle eines ADTs ist unabhängig von der Implemementierung.
2. Die Datenobjekte dürfen nur über die spezifizierten Operationen (Zugriffsoperationen) manipuliert werden.
3. Die Semantik eines ADTs wird formal spezifiziert, indem entweder die Semantik aller Operationen anhand mathematischer Modelle beschrieben wird, oder indem algebraisch der Zusammenhang der Effekte verschiedener Operationen definiert wird.

Ein objektorientiertes Computerprogramm ist ein System von Objekten und die einzelnen Objekte können miteinander über das Versenden von Nachrichten *("messages")* kommunizieren. Das nachrichtensendende Objekt braucht dabei nicht zu wissen, wie das nachrichtenempfangende Objekt die Nachricht verarbeitet. Dieses kann z.B. seinen internen Zustand verändern, eine Berechnung veranlassen und das Ergebnis über eine Nachricht zurückschicken, oder es kann weitere Objekte durch das Versenden neuer Nachrichten aktivieren. Eine Datenverarbeitung findet dann nur noch durch Nachrichtenaustausch zwischen den Objekten und durch Änderung des inneren Objektzustandes aufgrund der erhaltenen Nachrichten und gemäß der dem Objekt innewohnenden Änderungsmöglichkeiten (der ihm bekannten Methoden) statt. Am konsequentesten wird dies in SMALLTALK durchgeführt.

Diese Kommunikation über Nachrichten funktioniert natürlich nur, wenn ein nachrichtensendendes Objekt sowohl den Namen der entsprechenden Methode als auch den Namen des nachrichtenempfangenden Objektes kennt. Die explizite Adressierung eines diese Methode enthaltenden Objekts wird *extensionale Nachrichtenadressierung* bezeichnet und in den meisten objektorientierten Systemen verlangt. Die Menge der Nachrichten, auf die ein Objekt reagiert und die es an andere Objekte schicken kann, heißt *Protokoll* des Objektes. Es beschreibt seine Schnittstelle nach außen, während die Implementierungsdetails der Methoden, die sein Verhalten realisieren, verdeckt bleiben. Der Zustand eines Objektes, der sich durch die Belegung seiner Variablen manifestiert, kann nur mit einer der eigenen Methoden verändert werden, die als Reaktion auf eine Nachricht von einem anderen Objekt ausgeführt wird.

Jedes Objekt ist durch Attribute (*"slots"*) beschrieben. Ist der Wert eines Attributes der Name eines anderen Objekts, resultiert daraus eine Relation, denn vom Attribut aus gesehen werden zwei Objekte zueinander in Beziehung gesetzt. Das Attribut ist in diesem Fall ein spezielles, ein sogenanntes *Relationenattribut*. Eine transparente Darstellung von Produkt- und Prozessmodellen im Fabrikbereich ist unter Benutzung der herkömmlichen Datenmodelle häufig nicht möglich: sie scheitert, die Komplexität der Beziehungen (n:m) transparent und redundanzfrei darzustellen. Als Ausweg bietet die KI die Reifikation (*"reification"*, etwa mit Objektifizierung, Verdinglichung zu übersetzen) an. Dazu wird ein neues Objekt mit einem beliebigen Namen erzeugt, zweckmäßigerweise mit dem Namen der Relation. Dieses neue Objekt erhält mindestens zwei Attribute, die als Werte die beiden in dieser Relation stehenden Objekte zugewiesen bekommen. In der Datenbanktheorie spricht man davon, daß eine n:m Relation in mehrere 1:n Relationen umgewandelt wird.

4.3.3 Verwendete Werkzeuge zur Wissensrepräsentation

Zahlreiche Experimente belegen, daß Menschen nicht nur eine singuläre Form zur Wissensrepräsentation benutzen, sondern daß sie vielmehr je nach Aufgabenstellung auf verschiedenartig dargestelltes Wissen zugreifen können bzw. Transformationen zwischen verschiedenen Darstellungsformen vornehmen können. Als Konsequenz daraus werden eine wachsende Anzahl von Softwareentwicklungsumgebungen entwickelt, die verschiedene Wissensrepräsentationsformen (hybride Wissensrepräsentation) alternativ bzw. komplementär zueinander in einem Rahmensystem anbieten.

Allerdings gibt es dazu keine zwingende theoretische oder technische Notwendigkeit, denn alle bis heute bekannten Formalismen sind gleichmächtig, d.h. jedes repräsentierbare Wissen läßt sich in jedem Formalismus darstellen. Wenn dennoch verschiedene Formalismen bereitgestellt werden, steht die Absicht dahinter, daß sowohl Benutzer als auch Systementwickler ihre Problemlösungen nicht in einen uniformen Formalismus zwingen sollen, sondern die unterschiedlichen Wissensformen einer Anwendung jeweils in der natürlichsten Form darstellbar sein sollen, also Erfahrungsregeln des Experten prozedural und definitorische Zusammenhänge deklarativ. Dadurch soll erreicht werden, daß der Entwicklungs- und Wartungsaufwand reduziert wird und auch komplexe Wissensbasen transparent bleiben.

Das Softwaresystem KEE (von *"Knowledge Engineering Environment"*) ist eines dieser hybriden Entwicklungsumgebungen [Fikes, Kehler 85]. Es stellt die oben erwähnten deklarativen und prozeduralen Formen der Wissensrepräsentation und -verarbeitung bereit und bildet neben Commonlisp die Implementierungsbasis für das CIM Planungsmodul.

Wichtige Voraussetzung für die Anwendung von Simulationstechnik in unserem Planungsmodul ist, daß das Simulationsmodell in rechnerlesbarer Form vorliegt. Die framebasierten Simulationssysteme KBS [Reddy et al 86] und Simkit [Intellicorp 88] [Zsack 89] verwenden einen explizit objektorientierten Ansatz für die ereignisorientierte[13] Simulation und sind damit leicht in eine KI Umgebung zu integrieren. Beide Systeme sind funktional ähnlich, allerdings betont KBS mehr die automatische Analyse von Simulationsergebnissen [Reddy et al 86]. Da Simkit als eine Erweiterung von KEE erhältlich ist, wurde es als Simulationsssystem ausgewählt.

O'Keefe hat vier Arten der Kopplung eines Expertensystems mit einer Simulation unterschieden. Danach ist das Expertensystem entweder *eingebettet, parallel, kooperativ* oder ein intelligentes *Zugangssystem* [O'Keefe 86]. Die Zusammenarbeit zwischen Simkit und KEE sieht so aus, daß Simkit quantitative (Simulations-)Daten erzeugt, die vom in KEE geschriebenen System aufgenommen und weiterverarbeitet werden. Nach der Taxonomie von O'Keefe und der intendierten Anwendung ist Simkit ein zu KEE paralleles Simulationssystem.

Die Modellwelt von Simkit teilt sich in *vertikaler* und *horizontaler* Richtung auf. In horizontaler Richtung ergibt sich eine Hierarchie von Simulationsbibliotheken und -modellen mit unterschiedlichen Abstraktionsebenen. In vertikaler Richtung liegen voneinander unabhängige Simulationsbibliotheken und -modelle mit gleicher Abstraktionsebene. Die Bibliotheken enthalten die Definitionen der Objekte in den Modellen, oder anders formuliert: alle Objekte in einem Modell sind durch INSTANCE-OF Relationen mit den

---

13 Ereignisorientiert bedeutet, daß das Verhalten eines Systems als eine Folge von Änderungen im Status des Systems beschrieben werden kann. Diese Statusänderungen heißen Ereignisse. Der Status eines Systems verändert sich per definitionem nicht zwischen zwei Ereignissen.

Definitionen in den entsprechenden Bibliotheken verbunden. Simkit Modelle sind Instanzen von Simkit Bibliotheken und beide sind spezialisierte KEE Wissensbasen.

Generische Arbeitsstationen, Warteschlangen, Quellen und Senken sind als vordefinierte Objekte in der Standardbibliothek verfügbar und durch ihre objektorientierte Struktur beliebig erweiterbar. Die Modellbildung unterstützt Abstraktion, Konkretisierung und Komposition von realen Systemteilen und wird teils graphisch, teils menügeführt und teils programmatisch durchgeführt. Zwar besitzt Simkit Mechanismen zur Prüfung auf interne Konsistenz und Vollständigkeit eines Modells, mithin also Modellvalidierung. Der Konsistenzbegriff ist allerdings eingeschränkt: er bedeutet im wesentlichen, daß der Formalismus alle Relationen richtig interpretiert, daß alle Objektattribute Werte besitzen und daß alle Objekte in der Datenbasis definiert sind. Zu jedem Zeitpunkt bietet Simkit die Möglichkeit, eine laufende Simulation zu unterbrechen, Parameter neu zu setzen, und die Simulation an der unterbrochenen Stelle wiederaufzunehmen.

Ein Nachteil von Simkit liegt allerdings in der geringen Simulationsgeschwindigkeit, die insbesondere bei großen Simulationsmodellen bemerkbar wird. Dies ist darauf zurückzuführen, daß wie in allen Systemen, die mit Vererbungsnetzen arbeiten, während der Laufzeit jede Änderung von Attributwerten entlang den INSTANCE-OF bzw. SUBCLASS-OF Relationen propagiert werden muß, statt wie in konventionellen Sprachen in festcompilierter und damit maschinennaher Form vorzuliegen. Diese Propagierung findet in großen Simulationsmodellen häufig statt und verlangsamt die erreichbare Simulationsgeschwindigkeit beträchtlich.

5
Die Modellkomponente

5.1 Warum OR Methoden nicht anwendbar sind

Für Produktionssysteme, die sich als eine Folge von hintereinandergeschalteten Arbeitsplätzen darstellen lassen, können mit Hilfe von Verfahren aus der Warteschlangentheorie (*"Operations Research"*, OR[1]) der Durchsatz und die Auslastung berechnet werden. Für anspruchsvollere Untersuchungen bleibt nur die Simulation. Die Parameter der vorliegenden Montagelinie wurden mittels Simulation systematisch untersucht, da durch die inhärente Komplexität der Steuerungslogik der Montagelinie eine Vielzahl von Abhängigkeiten existieren und diese OR Verfahren nicht verwendet werden konnten:

1. Die einzelnen Seitenlinien sind voneinander abhängig.
2. Das Fließband wird sowohl zum Transport als auch zur Pufferung der Produkte benutzt, so daß eine Untersuchung von Transport und Pufferung nur in Abhängigkeit voneinander erfolgen kann.
3. Es gibt auf den Umlaufpuffern "kreisende" Produkte, deren Anteil sich ständig (belastungsabhängig) ändert.
4. Eine Vielzahl von quantitativen Daten steht nicht zur Verfügung.

Eine Linearisierung der Parameter der Montagelinie ist wegen dieser Abhängigkeiten nicht ohne weiteres möglich. Jüngste Veröffentlichungen über OR Algorithmen im Be-

---

[1] In der Operations Research wird ein mathematisches Modell von einem schwierigen Entscheidungsproblem entworfen und mit geeigneten Verfahren (z.B. Analytik/Regelkreismodelle) gelöst, um schließlich die Ergebnisse auf das ursprüngliche Entscheidungsproblem anzuwenden [Baker 76].

reich der Fließfertigung (z.B. [DeKoster 87,88] und [Hundal, Rajgopal 88]) weisen darauf hin, daß trotz der Aggregierung von Arbeitsplätzen zu sogenannten Abschnitten und damit einer Reduktion der freien Parameter

- ein enormer Berechnungsaufwand verbleibt und
- der berechnete, maximal erreichbare Durchsatz für Fließfertigungen mit mehr als 15 Arbeitsplätzen zu hoch liegt.

5.2 Konzepte der Modellkomponente
5.2.1 Aufgaben und objektorientierte Modellierung

Die VDI Richtlinie 3633 definiert den Begriff "Simulation" folgendermaßen:
"Simulation ist die Nachbildung eines dynamischen Prozesses in einem *Modell*, um zu Erkenntnissen zu gelangen, die auf die Wirklichkeit übertragbar sind".

Die Gemeinsamkeit der Simulation und der Künstlichen Intelligenz besteht demnach darin, daß sie ein Modell von der Realität schaffen und damit gleichartige Probleme bei der Modellbildung (z.B. Fragen der Konsistenz und Verifikation) lösen müssen. Aufgrund der Zielsetzung dieser Arbeit stehen pragmatische Aspekte im Vordergrund und wir bezeichnen als Modell ein formales (mathematisches) Objekt, das auf der Basis einer Struktur- und Verhaltensanalogie eingesetzt wird, um bestimmte Aufgaben lösen zu können, deren Durchführung in der Realität durch die gegebenen Randbedingungen (z.B. beschränkte Ressourcen, destruktive, nicht wiederholbare Untersuchungsmethoden) nicht möglich ist. Die verschiedenen Modelltypen und Modellbildungsverfahren für die Simulation werden hier nicht näher vorgestellt, dafür sei auf die ausführliche Gegenüberstellung in [Schmitt 85] verwiesen.

Konkret wurde Simulation in dem Planungsmodul FLEX für drei Aufgaben verwendet:

1. Simulation zur Gewinnung von Heuristiken
Das Simulationsmodell dient zur *systematischen Untersuchung* der Parameter der Montagelinie. Gesucht sind Heuristiken zur Steuerung, um hohen Durchsatz bei geringer Störungsanfälligkeit und kleinen Beständen zu erreichen. Diese Aufgabe entspricht dem

Wissenserwerb ("*knowledge acquisition*"), wie er aus dem Bereich der Künstlichen Intelligenz bekannt ist. Eine Befragung des Linienpersonals ist wegen des auch für Experten nicht transparenten Einflusses der Parameter ungenügend.

2. Simulation zur Erkennung von Engpässen
Ein sehr detailliertes Simulationsmodell läuft parallel zur Fertigung mit. Wenn Fertigungszustand und Simulationszustand periodisch miteinander verglichen werden, ist es möglich, Abweichungen des Fertigungzustandes vom SOLL-Zustand zu erkennen und rechtzeitig korrektive Maßnahmen einzuleiten. Durch eine Trendanalyse der Stördaten (Störungsextrapolation) wird außerdem die vorbeugende Instandhaltung unterstützt.

3. Simulation als Planungshilfe
Alternative Auftragsreihenfolgen werden mit dem Simulationsmodell nacheinander bewertet. Nach einem Vergleich der jeweils erreichten Produktionsstückzahlen und der Fertigstellungstermine erhält der Disponent quantitativ fundierte Entscheidungsunterstützung zugunsten der einen oder anderen Planalternative.

Im weiteren Verlauf dieses Kapitels 5 wird erläutert, wie Heuristiken zur Steuerung der Montagelinie durch *systematische Untersuchung* ihrer Parameter gewonnen wurden. Die Verwendung der Simulation zur Erkennung von Engpässen und Abweichungen wird in Kapitel 6, die Verwendung als Planungshilfe in Abschnitt 8.2.5 behandelt.

Das zur Modellbildung verwendete Simulationswerkzeug ist framebasiert aufgebaut (Abschnitt 4.3.3). Die Modellierung mit ihm führt zu einer framebasierten (objektorientierten) Modellierung des realen Systems, d.h. die realen Systemteile der Montagelinie sind generisch als Objekte in einer Vererbungstaxonomie repräsentiert. Zwei Beispiele sollen diese Art der Modellierung verdeutlichen. Das Beispiel 1 in Bild 5.1 zeigt einen Ausschnitt (Objektklassen) aus der Simulations*bibliothek* der Montagelinie, die sämtlich über die Relation SUBCLASS-OF (von rechts nach links gesehen) verbunden sind:

1. *Arbeitsplätze* (Montageplätze, Reparaturplätze und Testplätze), die den Typ des Produktes erkennen, produkttypspezifische Zeiten arbeiten und produkttypspezifische Fehlercodes erzeugen.
2. *Produktfamilien*, die auf der Montagelinie bearbeitet werden können.
3. *Rechner* zur Wegesteuerung (Prozeßrechner, Seitenlinienrechner).

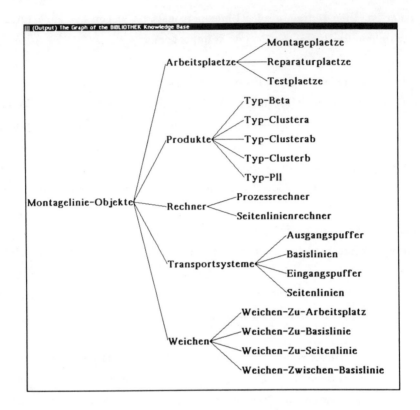

Bild 5.1: Beispiel 1: Objektorientierte Simulationsbibliothek

4. Transportsystemelemente (Basislinienelemente, Seitenlinienelemente, Eingangspuffer und Ausgangspuffer).
5. *Materialflußweichen* an Verzweigungen und Einmündungen (Einschleusweichen, Ausschleusweichen, Weichen zu Arbeitsplätzen und zwischen Basislinie).

Das Beispiel 2 in Bild 5.2 zeigt einen Ausschnitt (Objektinstanzen) aus dem Simulationsmodell, das aus den Objekten der Simulationsbibliothek (Bild 5.1) entwickelt wurde. Das gesamte Simulationsmodell der Montagelinie ist aus derartigen Instanzen zusammengesetzt (Modellaufbau in Bausteintechnik).

Ein gewichtiger Vorteil dieser Modellierung ist, daß mittels der Objekte aus der Simulationsbibliothek sehr schnell auch andere Simulationsmodelle erstellt werden können, solange die Steuerungsstrategie ähnlich ist wie die in der vorliegenden Montagelinie

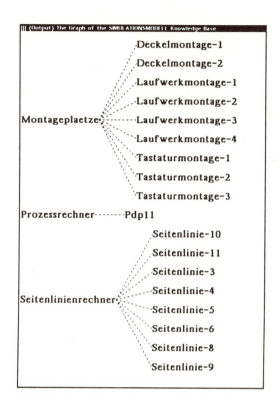

Bild 5.2: Beispiel 2: Objektorientiertes Simulationsmodell

(*Wiederverwendbarkeit von Modellteilen*). Ein weiterer Vorteil ist, daß das Simulationsmodell durch die Framestruktur in rechnerlesbarer Form bleibt. Ein darauf aufgesetztes (wissensbasiertes) Softwaresystem kann die Simulationsergebnisse interpretieren und weiterverarbeiten, kann Parameter einer laufenden Simulation zur Fokussierung auf bestimmte Modellabschnitte neu einstellen bzw. kann Vorgaben für zu simulierende Parameter an die Simulation weitergeben (schnittstellenfreie Integration).

5.2.2 Nachbildung der realen Steuerung in der Simulation

Ein Simulationsmodell kann nur dann realistische Ergebnisse liefern, wenn die Abbildung des realen Systems in dem Modell das dynamische Verhalten des realen Systems widerspiegelt. Mit dem verwendeten Simulationswerkzeug (Abschnitt 4.3.3) kann jeder einzelne Zustandsübergang und jede Besonderheit abbildungstreu nachgespielt werden. Diese Eigenschaft ist von großer Bedeutung, wenn ein komplexes Produktionssystem untersucht werden soll, bei dem Feinheiten wie die Materialsteuerung und sonstige Sonderfälle untersucht werden sollen. Die Implementation des hoch detaillierten Simulationsmodells zur Gewinnung von Heuristiken orientiert sich stark an der Steuerungshierarchie der Montagelinie, wie sie in Abschnitt 4.1 erläutert wurde.

Am Beispiel soll hier dargestellt werden, wie die Kommunikation des verteilten Fertigungssystems mittels Nachrichtenaustausch (*"message passing"*) in einem objektorientierten Simulationsmodell nachgebildet werden kann, wenn ein Produkt zu einer Seitenlinie transportiert, dort eingeschleust, bearbeitet und schließlich wieder ausgeschleust werden soll. Zur Verdeutlichung der ablaufenden Entscheidungsprozesse werden teilweise die entsprechenden GRAI Netze gezeigt.

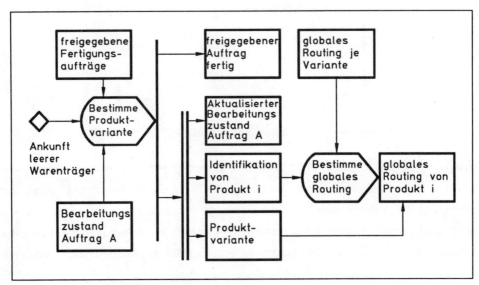

Bild 5.3: GRAI Netz: Bestimme Produktvariante

Kommunikation im objektorientierten Simulationsmodell:
1. Der Prozeßrechner bestimmt den Produkttyp und das globale Routing eines Produkts (Bild 5.3) und prüft, ob die als nächste anzulaufende Seitenlinie freie Kapazität hat.
2. Wenn nein: Produkt wird nicht losgeschickt.
3. Wenn ja: Prozeßrechner sendet die Nachricht PRODUKT.BETRITT.SEITENLINIE an den Seitenlinienrechner.

Der Seitenlinienrechner ist jetzt informiert, daß ein Produkt zu seiner Seitenlinie unterwegs ist. Er erhöht interne Zähler wie Zahl.Produkte.in.Seitenlinie usw. Das Produkt befindet sich jetzt logisch in der Seitenlinie, ist aber physisch noch auf der Basislinie zur Seitenlinie unterwegs.

4. Das Produkt kommt an der Einschleusweiche zur Seitenlinie an. Die Einschleusweiche sendet die Nachricht PRODUKT.DARF.IN.SEITENLINIE? an den Seitenlinienrechner. Da das Produkt vorgebucht ist, erfolgt eine positive Rückmeldung auf diese Anfrage der Einschleusweiche und das Produkt wird eingeschleust.

Der Seitenlinienrechner übernimmmt jetzt das weitere Routing dieses Produkts in der Seitenlinie. Der Prozeßrechner hat keine Einflußmöglichkeit mehr auf das Produkt bis zu dem Zeitpunkt, zu dem es wieder ausgeschleust wird.

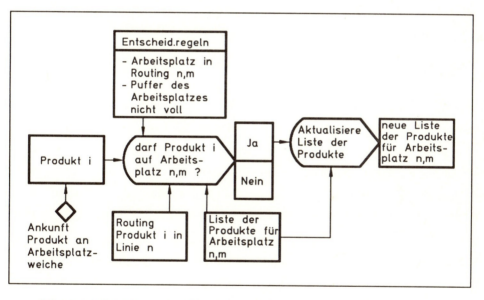

Bild 5.4: GRAI Netz: Darf Produkt an Arbeitsplatz bearbeitet werden?

5. Das Produkt kommt an eine Arbeitsplatzweiche in der Seitenlinie. Die Arbeitsplatzweiche sendet die Nachricht PRODUKT.DARF.AUF.STATION? an den Seitenlinienrechner (Bild 5.4). Der Seitenlinienrechner prüft, ob der Arbeitsplatz Kapazität frei hat, ob die Routingtabelle des Produkts diesen Arbeitsplatz vorschreibt usw.

6. Wenn ja: Produkt wird zum Arbeitsplatz transportiert, dort bearbeitet und weitertransportiert (Bild 5.5).

7. Wenn nein: Produkt wird weitertransportiert.

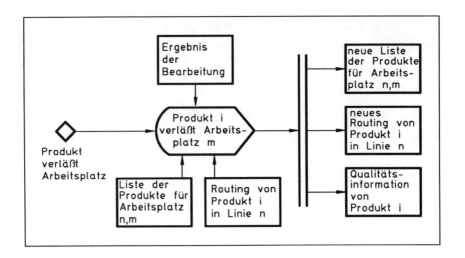

Bild 5.5: GRAI Netz: Produkt wurde an Arbeitsplatz bearbeitet

Die Schritte 5-7 wiederholen sich für jede Arbeitsplatzweiche (und für jedes Produkt).

8. Das Produkt kommt an der Ausschleusweiche an. Die Ausschleusweiche sendet die Nachricht PRODUKT.DARF.AUS.SEITENLINIE? an den Seitenlinienrechner. Dieser überprüft, ob das Produkt an allen vorgeschriebenen Arbeitsplätzen bearbeitet worden ist.
9. Wenn nein: Produkt muß in der Seitenlinie kreisen.
10. Wenn ja: Rückfrage an den Prozeßrechner wird erforderlich.
11. Der Seitenlinienrechner sendet die Nachricht PRODUKT.DARF.AUS.SEITENLINIE? an den Prozeßrechner.
12. Der Prozeßrechner prüft, ob die nachfolgende Seitenlinie freie Kapazität hat und meldet das Ergebnis an den Seitenlinienrechner zurück (Bild 5.6).
13. Wenn ja: Produkt wird ausgeschleust und zur nächsten Seitenlinie transportiert.
14. Wenn nein: Produkt muß in der Seitenlinie kreisen.

In diesem Beispiel sind nur die Nachrichten der obersten Stufe angeführt. Häufig löst eine Nachricht eine Reihe von Folgenachrichten aus, die hier aber zur besseren Übersichtlichkeit weggelassen wurden.

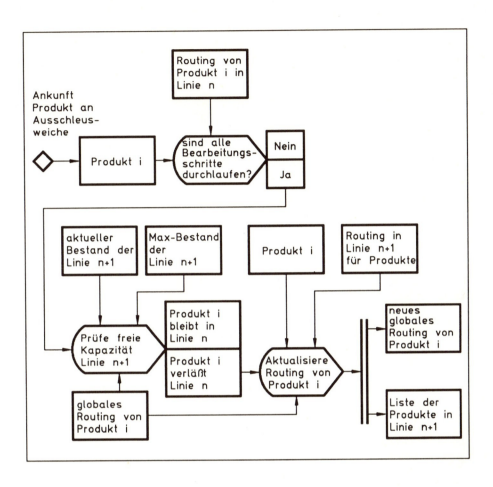

Bild 5.6: GRAI Netz: Darf Produkt aus Seitenlinie ausgeschleust werden?

5.3 Dynamisches Verhalten einer Seitenlinie (Wissenserwerb)

In diesem Abschnitt werden die Simulationsergebnisse beschrieben, die mit dem im Abschnitt 5.2 vorgestellten Simulationsmodell erzielt wurden. Im einzelnen werden die charakteristischen Betriebspunkte (Abschnitt 5.3.2) der Montagelinie unter Produktmix (Abschnitt 5.3.3), Puffergrößen (Abschnitt 5.3.4) und Störungen (Abschnitt 5.3.5) untersucht. Die daraus abgeleiteten Erkenntnisse wurden einerseits direkt zur Neueinstellung der Linienparameter in der Fabrik und andererseits, sofern möglich, als Heuristiken für das Planungsmodul FLEX verwendet.

5.3.1 Aufbau der Untersuchung

Der Kontrollfluß ist in allen Seitenlinien gleich. Aus Komplexitätsüberlegungen ist es deshalb sinnvoll, in der Simulation zuerst das Verhalten einer einzelnen Seitenlinie durch systematische Variation ihrer Parameter zu untersuchen und zu verstehen. Darauf aufbauend kann das Verhalten der übrigen Seitenlinien analysiert werden.[2]

Das Ziel der Analyse ist es, quantitative Abschätzungen der durch Parameteränderungen möglichen Einflüsse auf die Montagelinie zu erhalten. Diese Abschätzungen stellen die Heuristiken/Faustformeln dar, die zur späteren Planungsunterstützung von der Simulation erwartet werden.

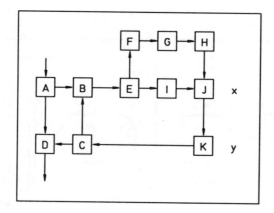

Bild 5.7: Prinzipieller Aufbau einer Seitenlinie in der Simulation

A Einschleusweiche
B Transportband
C Dreheinheit
D Ausschleusweiche
E Weiche zu einem Arbeitsplatz
F Eingangspuffer eines Arbeitsplatzes

G Arbeitsplatz
H Ausgangspuffer eines Arbeitsplatzes
I Transportband
J Dreheinheit
K Transportband

Zuerst soll eine isolierte Seitenlinie untersucht werden. "Isolierte Seitenlinie" meint hier, daß in den Simulationen keine Störungen von davor- oder dahinterliegenden Seitenlinien

---

[2] Eine Simulation sämtlicher Seitenlinien ohne Analyse ist nicht sinnvoll, da sie ein blindes Suchen in einer großen Zahl von möglichen Parametereinstellungen bedeutet.

berücksichtigt werden. Eine Aufhebung dieser Einschränkung erfolgt in Abschnitt 5.4. Dort werden Heuristiken zur Seitenlinien-übergreifenden Parameteroptimierung gegeben.

Der prinzipielle Aufbau einer Seitenlinie in der Simulation ist in Bild 5.7 gezeigt. Die Komponenten A bis D sind die minimal vorhandenen Bestandteile jeder Seitenlinie in der Simulation. Die Komponenten E bis J sind die notwendigen Bestandteile für einen Arbeitsplatz: für jeden neuen Arbeitsplatz wird eine Kopie dieser Komponenten an die Punkte x/y angehängt. Die Komponente K ist nur einmal je Seitenlinie vorhanden und stellt die Bandschleife (Durchlaufzeitelement) dar.

Bei den anschließenden Simulationen wird, um eine Vergleichbarkeit von verschiedenen Simulationsläufen garantieren zu können, immer von einer leeren Seitenlinie ausgegangen, d.h. zum Zeitpunkt des Simulationsstartes befinden sich innerhalb der Seitenlinie keine Produkte. Der Simulationsablauf ist nun der folgende: Produkte werden mit hoher Rate in die Seitenlinie eingeschleust. In der Einschwingphase steigt die Anzahl der Produkte in der Seitenlinie von 0 auf den maximal zugelassenen Bestand. Danach arbeitet diese an der Bestandsobergrenze, d.h. es befinden sich annähernd soviele Produkte in der Linie, wie durch die Bestandsobergrenze zugelassen wird. Anders formuliert: die Seitenlinie wird *künstlich als Engpaß* betrieben und ihr Durchsatz als *Funktion ihres Bestandes* gemessen.

5.3.2 Charakteristische Betriebspunkte (Einproduktfertigung)

Zur Beschreibung der charakteristischen Betriebspunkte einer Seitenlinie werden die folgenden Begriffe eingeführt:
Der langsamste Arbeitsplatz in der Seitenlinie soll mit ENG1 und seine Taktzeit mit t(ENG1) bezeichnet werden. Das langsamste Element des Transportbandes der Seitenlinie (üblicherweise Produktdreheinheiten) soll mit ENG2 und seine Taktzeit mit t(ENG2) bezeichnet werden. Unbearbeitete Produkte, die von den Arbeitsplätzen der Seitenlinie im Moment nicht bearbeitet werden, werden *Kreiser* genannt. Sie zirkulieren im inneren Kreis der Seitenlinie. Unbearbeitete Produkte, die in Bearbeitung kommen, nennen wir *Jits*. Sie warten gerade dann vor einem Arbeitsplatz, wenn Kapazität zu ihrer Bearbeitung zur Verfügung steht. Die *Reichweite* drückt aus, wie lange der zu einem Zeitpunkt T

vorhandene Bestand an unbearbeiteten Produkten reicht. Sie wird bestimmt durch Bestand-Seitenlinie/t(ENG1).

Werden, wie in Abschnitt 5.3.1 beschrieben, mit hoher Rate Produkte eines bestimmten Typs (Einproduktfertigung) in die Seitenlinie eingeschleust, stellt sich (nach der Einschwingphase) auf dem Transportband ein Verhältnis Kreiser zu Jits ein, das von der Bestandsobergrenze abhängt. Die systematische Veränderung der Bestandsobergrenzen über einen großen Bereich (von anfangs 10 in Zweierschritten auf 50) ergibt eine charakteristische Durchsatzkurve der Seitenlinie mit den folgenden vier Arbeitsbereichen:

1. Bereich I, in dem zuwenig Produktbestand vorhanden ist.
2. Bereich II, in dem maximaler Durchsatz erreicht wird.
3. Bereich III, in dem durch großen Produktbestand der maximale Durchsatz verringert wird.
4. Bereich IV, in dem durch zu großen Produktbestand physische Verklemmung der Produkte stattfindet.

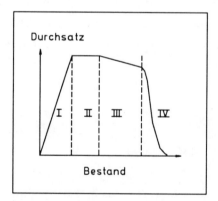
Bild 5.8: Einprodukt Durchsatz in Abhängigkeit vom Bestand

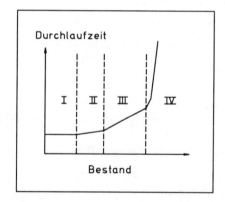
Bild 5.9: Durchlaufzeit in Abhängigkeit vom Bestand

Der Durchsatz durch eine Seitenlinie in Abhängigkeit ihres Bestands ist in Bild 5.8 gezeigt. Eingezeichnet sind dort auch die vier Arbeitsbereiche I...IV. Im Bild 5.9 wird verdeutlicht, welchen Einfluß die jeweiligen Arbeitsbereiche einer Seitenlinie auf die mittlere Durchlaufzeit haben. Im folgenden werden diese vier Bereiche näher beleuchtet und Faustregeln zur quantitativen Bestimmung der Übergangsbereiche angegeben.

Bestimmung von Arbeitsbereich I
Die Bestimmung von Arbeitsbereich I erfolgt mittels Gl.1 (siehe Hinweise unter Bestimmung von Arbeitsbereich II).

Bestimmung von Arbeitsbereich II
Zur Bestimmung des linken Begrenzungspunktes (Wert der Bestandsobergrenze) von Arbeitsbereich II berechnet man zwei Zeiten. DZ ist die Zeit, die ein Produkt braucht, wenn es das Transportband für sich allein hat. ZZ ist die Zusatzzeit, die verbraucht wird, weil sich die gegenseitigen Behinderungen der Produkte auf dem Transportband als zusätzliche Zeit auswirken. ZZ erhöht DZ auf die (an der realen Seitenlinie meßbare) Durchlaufzeit.

$$MAX = (DZ + ZZ) / t(ENG1)$$
$$DZ = \sum (\text{Zeiten von Transportsystem und Arbeitsplätzen}) \qquad \text{Gl.1}$$
$$ZZ = K * t(ENG2).$$

Der Durchsatz wird genau dann maximal, wenn der Engpaß-Arbeitsplatz ENG1 immer voll ausgelastet ist. Das wird erreicht, wenn man sicherzustellen kann, daß ENG1 innerhalb seiner Bearbeitungszeit t(ENG1) ein Produkt zur Bearbeitung erhalten kann. Anders formuliert: die minimal erforderliche Anzahl an unbearbeiteten Produkten, die zur Erreichung voller Kapazitätsauslastung an ENG1 vorgehalten werden muß, ist abhängig von Umlaufzeit und t(ENG2). Der Koeffizient K in Gl.1 ist eine Konstante im Bereich [1-3] und ergibt sich aus dem aktuellen Verhältnis von Kreisern und Jits.

Gl.1 liefert den frühestmöglichen Wert der Bestandsobergrenze, mit dem sich der maximale Durchsatz für eine einzelne Seitenlinie erreichen läßt. Links von diesem Wert (d.h. für kleinere Bestandsobergrenzen) schließt sich der Arbeitsbereich I mit verringerter Ausbringung aufgrund von Produktmangel an. Gl.1 sagt nur, wo der maximale Durchsatz für die gegebenen Arbeitsplätze liegt. Sie sagt nichts darüber aus, wie groß der theoretisch erreichbare Durchsatz der Arbeitsplätze ist noch wie diese optimal anzuordnen sind.

Bestimmung von Arbeitsbereich III
Der Bereich III bestimmt den Arbeitsbereich, an dem das Transportband wegen hohem Produktbestand am Rande seiner Transportkapazität operiert. Der linke Begrenzungspunkt PLAT von Arbeitsbereich III gibt sich aus

$$PLAT = \text{Kapazität (Transportsystem der inneren Bandschleife).} \qquad \text{Gl.2}$$

Die Montagelinie arbeitet immer dann im Arbeitsbereich III, wenn das Transportband ziemlich mit Produkten gefüllt ist und bearbeitete Produkte "gerade noch so" transportiert werden können. Dies ist der Bereich vor der Verklemmung der Produkte und dem Stillstand des Produktstromes.

Bestimmung von Arbeitsbereich IV
Eine Verklemmung der Produkte und damit Stillstand des Produktstromes (Deadlock) tritt dann auf, wenn die gesamte Transportkapazität der Seitenlinie erschöpft ist.

$$\text{DEAD} = \sum \text{Kapazität (alle Elemente der Seitenlinie).} \qquad \text{Gl.3}$$

5.3.3 Einfluß von Produktmix (Mehrproduktfertigung)

Der Produktmix bezeichnet das Verhältnis der Losgrößen von aufeinanderfolgenden Aufträgen. Für insgesamt 30 ausgewählte Produktmixes fand eine Simulationsreihe statt, bei der die Bestandsobergrenze wie in Abschnitt 5.3.2 von anfangs 10 in Zweierschritten auf 50 erhöht wurde (600 Simulationsläufe). Die entstehenden Durchsatzkurven folgen den gleichen quantitativen Beziehungen, wie sie für die Einproduktlinie im letzten Abschnitt bestimmt wurden. Eine Ausnahme bildet die Gl.1. Dies ist auch nicht verwunderlich, denn Gl.1 arbeitet mit der Taktzeit des Engpasses ENG1 (die Faustregeln zur Bestimmung der anderen Arbeitsbereiche basieren auf Kapazitätsberechnungen). Wenn jedoch im Mix gefertigt wird, kann durch Anforderungen von unterschiedlichen Produkttypen ein Nicht-Engpaß plötzlich zum Engpaß werden, d.h. der Engpaß kann sich verschieben und die Aussagekraft einer Berechnung nach Gl.1 verringern.

Noch eine andere Beobachtung bleibt festzuhalten. Bei wachsender Losgröße (10:10, ..., 50:50) wird der erreichbare Gesamtdurchsatz immer geringer und der Anstieg der Durchsatzkurve immer flacher (Bild 5.10). Eine Mixveränderung von 50:50 auf 10:10 bringt in dem gewählten Fall 70% mehr Durchsatz. Der Durchsatz bei unterschiedlichen Losgrößen (5:10, 5:20, .., 5:40) bleibt so lange hoch, wie die einzelnen Auftragslose kleiner sind als die Bestandsobergrenze. Bei gleicher Kapazität für jeden Produkttyp ist ein Produktmix von 1:1 immer optimal.

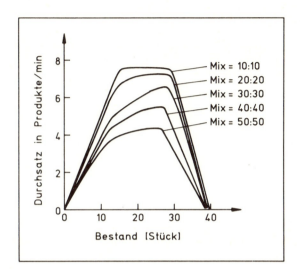

Bild 5.10: Mehrprodukt Durchsatz in Abhängigkeit vom Bestand

Die Simulationsergebnisse für die Mehrproduktfertigung zeigen, daß eine bessere Auslastung der Arbeitsplätze und eine wesentlich höhere Ausbringung für kleine Lose erreicht wird. Die Begründung für die bessere Ausbringung bei kleinen Losen ist darin zu suchen, daß nach einer Auflageänderung von Typ A zu Typ B (und umgekehrt) der Arbeitsbestand von Typ A bald aufgebraucht sein wird. Wenn jetzt in großen Losen produziert wird und für eine bestimmte Zeit nur Typ B nachgeliefert wird, kann die Fertigungskapazität für Typ A nicht genutzt werden (analoges gilt für die Typänderung in anderer Richtung). Kleine Lose führen hingegen zu einer stärkeren Durchmischung der Produkttypen und damit zu einer besseren Auslastung der Arbeitsplätze: die Belastung wird parallelisiert durch kleine Lose und sequentialisiert durch große Lose.

5.3.4 Einfluß von Puffern

Alle Arbeitsplätze in einer Seitenlinie haben jeweils einen Eingangs- und einen Ausgangspuffer. Die Variation der Puffergrößen in der Simulation zeigt einen deutlichen Einfluß auf den Durchsatz einer Seitenlinie.

1. Einfluß des Ausgangspuffers

Die Vergrößerung des Ausgangspuffers eines Arbeitsplatzes verlängert den Bereich des maximalen Durchsatzes (Bild 5.11).

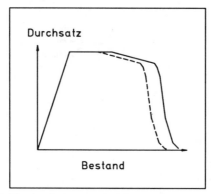

Bild 5.11: Ausbringung bei Vergrößerung von Ausgangspuffern

Begründung:

Wenn ein Arbeitsplatz blockiert wird, weil er bearbeitete Produkte (bedingt durch deren langsamen Abtransport) nicht weitergeben kann, findet eine Durchsatzverringerung statt. Diese Konstellation tritt auf, wenn sich viele Produkte auf dem Transportband befinden und deswegen die Transportkapazität des Bandes herabgesenkt ist. Eine Vergrößerung des Ausgangspuffers eines Arbeitsplatzes entkoppelt ihn von dem Geschehen auf dem Transportband und verlängert damit den Arbeitsbereich II in Richtung größerer Bestandsobergrenzen. Bild 5.11 zeigt die Veränderung der Ausbringung bei einer 50% Vergrößerung des Ausgangspuffers. Deutlich sichtbar ist die Verbreiterung des Bereiches mit hohem Durchsatz trotz vergrößerter Bestandsobergrenze. Eine Vergrößerung des maximalen Durchsatzes läßt sich durch eine Ausgangspuffervergrößerung jedoch nicht erreichen.

2. Einfluß des Eingangspuffers

Die Vergrößerung des Eingangspuffers eines Arbeitsplatzes bewirkt eine größere Steigerung der Durchsatzkurve hin zum Arbeitsbereich II, d.h. bereits für kleine Bestandsobergrenzen wird der Bereich hohen Durchsatzes erreicht (Bild 5.12).

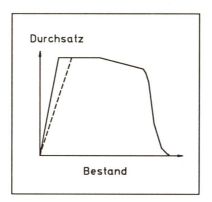

Bild 5.12: Ausbringung bei Vergrößerung von Eingangspuffern

Begründung:
Ein kleiner Eingangspuffer wird schnell gefüllt. Die nachfolgend ankommenden Produkte können nicht in einen vollen Eingangspuffer aufgenommen werden und werden zu Kreisern. Kreiser vermindern aber die Transportkapazität und damit den Durchsatz. Ein größerer Eingangspuffer vermindert die Anzahl der Kreiser von vornherein um einen konstanten Wert und vergrößert die reale Kapazität des Bandes. Bild 5.12 zeigt die Veränderung der Ausbringung bei einer 50% Vergrößerung des Eingangspuffers. Eine Vergrößerung des maximalen Durchsatzes durch eine Puffervergrößerung läßt sich jedoch auch hier nicht erreichen.

5.3.5 Einfluß von Störungen

Mit den Überlegungen und Berechnungen aus den drei vorangegangenen Abschnitten läßt sich das Verhalten einer Seitenlinie mit großer Wahrscheinlichkeit vorhersagen. Bei zusätzlichen, nicht vorhersehbaren Störungen vermindert sich der Durchsatz jedoch mit Häufigkeit und Länge der Störungen zunehmend.

In Bild 5.13 stehen durch zwei kurze Störungen an einem Arbeitsplatz zu den Zeitpunkten 3 Min und 20 Min. zeitweilig keine Ressourcen für den Produkttyp B zur Verfügung. Wenn dies bei der Auflage nicht berücksichtigt wird und weiter in demselben Mix gefer-

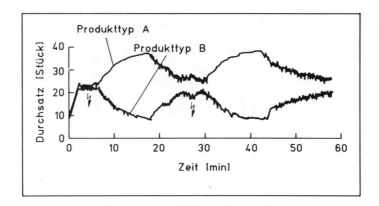

Bild 5.13: Verdrängungsprozesse im 2-Produktbetrieb bei Störungen

tigt wird, findet ein Verdrängungsprozeß statt: der Produkttyp B wird in der Seitenlinie stark zunehmen und, da nur eine feste Zahl von Produkten in der Seitenlinie zugelassen ist, innerhalb kurzer Zeit fast alle Produkte des Produkttyp A aus der Seitenlinie verdrängen. Nach kurzer Zeit wird so aus einer Mehrproduktfertigung eine Einproduktfertigung. Erst wenn die Störung am Arbeitsplatz für Produkttyp B behoben wurde, können nach einiger Zeit auch wieder Produkte des Produkttyp A eingeschleust und bearbeitet werden. An der Abflachung der Abgangskurve für Produkttyp A in Bild 5.14 wird deutlich, daß trotz der Störung von einem Arbeitsplatz für Produkttyp B auch die Produktion des Produkttyp A betroffen ist.

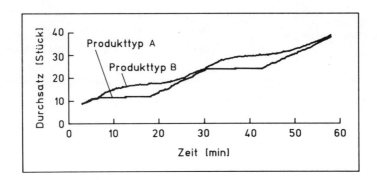

Bild 5.14: Abgangskurven im 2-Produktbetrieb bei Störungen

5.4 Dynamisches Verhalten der Gesamtlinie

Mit den bislang gefundenen und oben angegebenen Faustformeln/Heuristiken lassen sich die Bestandsobergrenzen einzelner, isolierter Seitenlinien abschätzen. Treten allerdings Abhängigkeiten hinzu, wie sie an der Gesamtlinie durch die miteinander verbundenen Seitenlinien vorliegen, müssen sie anders determiniert werden. Zu diesem Zweck werden die Untersuchungen auf designtheoretische Aspekte ausgedehnt. Danach sind prinzipiell zwei deutlich voneinander verschiedene Konfigurationen einer Seitenlinie zu unterscheiden:

- kleine Bestandobergrenze und damit kleine Anzahl Kreiser, und
- große Bestandobergrenze und damit große Anzahl Kreiser.

Der Vorteil von Konfiguration 1 ist, daß bearbeitete Produkte aus der Seitenlinie schnellstens abtransportiert werden können, aber nachteilig ist, daß nur eine geringe Pufferung im Falle einer Störung besteht. Mit der Konfiguration 2 ist es gerade umgekehrt: es besteht eine gute Pufferung, aber damit gleichzeitig dichter Produktstrom mit vielen Kreisern und reduzierter Transportkapazität. Hier tritt ein typischer Zielkonflikt beim Entwurf solcher Fertigungssysteme zutage. Die Entscheidung zugunsten einer Steuerung nach Konfiguration 1 oder 2 soll im folgenden durch eine analytische Betrachtung, die mittels der Simulation verifiziert wurde, erleichtert werden.

In der Fließfertigung gibt es zwei Arten von Fertigungsstörungen:

- Vorprozeßstörung (es kommen keine Produkte an) und
- Nachprozeßstörung (bearbeitete Produkte werden nicht abtransportiert).

Tab. 5.1: Kritikalität von Linien und ihre Störungen

	unkritische Linie	kritische Linie
Vorprozeßstörung	Fall 1	Fall 2
Nachprozeßstörung	Fall 3	Fall 4

Außerdem ist jeder Fertigungsabschnitt der Fertigung immer entweder gerade Engpaß (kritisch) oder eben nicht Engpaß (unkritisch). Es lassen sich damit vier Fälle unterscheiden (Tab. 5.1).

Vorprozeßstörung (Fall 1/2)
Wenn keine Produkte nachgeliefert werden und die betrachtete Seitenlinie normal arbeitet, wird ihr Arbeitsbestand nach kurzer Zeit aufgebraucht sein und eine Unterversorgung der Seitenlinie auftreten. Ist diese Seitenlinie unkritisch (Fall 1), spielt das keine Rolle, denn eine unkritische Linie kann einen Arbeitsrückstand in der Regel wieder aufholen. Ist diese Seitenlinie kritisch (Fall 2), bedeutet eine zeitweilige Unterbelastung einen Verlust an Ausbringung, der nicht wieder aufgeholt werden kann.

Zur Vermeidung einer Unterbelastung im Fall 2 muß die Linie gepuffert werden: Die gesamte Linie muß eine größere Bestandsobergrenze erhalten, um durch den damit vergrößerten Umlaufpuffer Störungen besser abfangen zu können (Ergebnis aus Abschnitt 5.3.2). Eine alleinige Erhöhung der zulässigen Bestandsobergrenze würde im störungsfreien Betrieb den maximalen Durchsatz verhindern. Um den Durchsatz zu halten und dennoch die gewünschte Pufferfunktion zu erhalten, müssen die einzelnen Arbeitsplätze durch größere Ausgangspuffer besser gepuffert werden (Ergebnis aus Abschnitt 5.3.4). Dadurch wird die gewünschte Pufferung ohne Durchsatzverminderung erreicht.

2. Nachprozeßstörung (Fall 3/4)
Wenn die bearbeiteten Produkte nicht abtransportiert werden, kommt es zu Rückstauungen. Arbeitet die Seitenlinie normal weiter, wird sie bis zur Bestandsobergrenze mit kreisenden (bearbeiteten) Produkten aufgefüllt und die Transportkapazität entsprechend abgesenkt. Ist die Seitenlinie unkritisch (Fall 3), spielt das wiederum in der Regel keine Rolle. In einer kritischen Seitenlinie (Fall 4) ist es unerwünscht, da die fertigen Produkte nach Aufhebung der Nachprozeßstörung nicht schnellstens aus der Seitenlinie abtransportiert werden können. Als Gegenmaßnahme müssen die einzelnen Arbeitsplätze durch größere Ausgangspuffer besser gepuffert werden (Ergebnis aus Abschnitt 5.3.4).

5.5 Zusammenfassung der Ergebnisse

Dieser Abschnitt faßt die Ergebnisse aus den durchgeführten Simulationsarbeiten an der Montagelinie zusammen und bildet gleichzeitig den Abschluß der Wissenserwerbsphase.

1. Bestandsgrenzen

Die Festlegung der Bestandsobergrenze in einer unkritischen Seitenlinie wird wie folgt vorgenommen: Ist der Nachprozeß kritisch, wird die Bestandsobergrenze hochgesetzt, um Pufferfunktion für den Nachprozeß zu erhalten. Ist der Vorprozeß kritisch, wird ebenfalls die Bestandsobergrenze hochgesetzt, um eine höhere Kapazität zur sicheren Produktabnahme zu haben. In einer unkritischen Seitenlinie ist also in jedem Fall eine höhere Bestandsobergrenze zu wählen: dies verhindert zwar ihren maximalen Durchsatz, aber da die erreichbaren Produktionsstückzahlen sowieso von der langsamsten Seitenlinie bestimmt werden, spielt eine absichtliche Unterbelastung keine Rolle (Idee von OPT).

Die Festlegung der Bestandsobergrenze in einer kritischen Seitenlinie erfolgt so, daß ein hoher Durchsatz im Arbeitsbereich II erreicht wird (niedrige Bestandsobergrenze). Damit kann die kritische Seitenlinie im störungsfreien Fall optimal arbeiten. Die Pufferung gegen Störungen erfolgt durch Wahl einer größeren Bestandsobergrenze in der vorausgehenden und der nachfolgenden Seitenlinie. Die vorangehende Seitenlinie kann damit im Störungsfalle für einige Zeit aus ihrem bearbeiteten Arbeitsbestand nachliefern. Die nachfolgende Seitenlinie dient zur sicheren Abnahme der bearbeiteten Produkte der kritischen Seitenlinie.

Sind die vorausgehende oder die nachfolgende Seitenlinie ebenfalls kritisch, kann eine größere Bestandsobergrenze in noch weiter vorne/hinten liegenden Seitenlinien (wiederholte Anwendung) eingestellt werden. Bei wiederholter Anwendung ist jedoch zu beachten, daß keine "Löcher" im Produktstrom auf dem Transportband entstehen dürfen. Löcher im Produktstrom entstehen dann, wenn durch Maschinenausfälle oder -störungen der Produktstrom sehr unregelmäßig wird und größere Bereiche auf dem Transportband ohne Produkte sind. Die untere Schranke für die Bestandsobergrenze muß demnach so festgelegt sein, daß im Zeitraum einer typischen oder öfter auftretenden Störung gerade noch keine derartigen Löcher entstehen können.

2. Steuergrößen

Wesentliche Steuergrößen für eine Seitenlinie sind Bestand und Produktmix. Vergrößert sich der Bestand, steigt die mittlere Durchlaufzeit (Bilder 5.8 und 5.9). Vergrößert sich die Losgröße, sinkt die Auslastung (Bild 5.10). Mit kleinen Beständen und kleinen Losen kann die optimale Ausbringung erreicht werden.

Zur optimalen Steuerung wird der momentane Engpaß (Arbeitsplatz oder Seitenlinie) für jeden Produkttyp bestimmt. Dieser Engpaß muß optimal betrieben werden, denn ein Verlust an diesem bedeutet einen Verlust für die gesamte Linie. Der optimale Betrieb des Engpasses ist dann gegeben, wenn der Produktmix dafür optimal ist. Dies wird dadurch erreicht, daß vom Engpaß mit einer Rückwärtsterminierung der Anfangsmix bestimmt wird, d.h. der Mix, mit dem die Montagelinie beschickt werden muß, daß sich am Engpaß der optimale Mix einstellt.

Dieser Anfangsmix schwankt, je nachdem, wie die typspezifische Fertigungskapazität der gesamten Montagelinie schwankt. Die Simulation zeigt jedoch, daß es einen bemerkenswerten ökonomischen Vorteil bringt, den Produktmix für den Engpaß nachzuführen, denn andernfalls gibt es größere Durchsatzschwankungen. Die Rate, mit der die Produkte in die Montagelinie eingeschleust werden, muß gleichfalls begrenzt werden, denn sonst werden sie im Transportsystem oder in den Puffern zwischengespeichert und warten dort, bis die Arbeitsplätze frei werden. Als Folge würden Staus entstehen, die aber vermieden werden müssen, da sie die Ausbringung absenken[3].

Zusammenfasssend läßt sich festhalten, daß die Kenntnis des Verhaltens der Linie zwangsläufig zur Forderung führt, daß der Bestand (und eingeschränkt der Produktmix) ständig beobachtet werden muß. Nur wenn der aktuelle Stand bekannt ist, läßt sich eine Regelung der Montagelinie überhaupt verwirklichen. Dazu wurde die Überwachungskomponente konzipiert und implementiert, die im folgenden Kapitel 6 beschrieben wird.

---

3   Ein ähnliches Verhalten einer Montagelinie wird z.B. auch in [Ramakrishna et al 84] berichtet. Dort wird als Konsequenz ein LP Verfahren für einen hierarchischen Scheduler entwickelt, der einen niedrigen Arbeitsbestand zu halten versucht und dessen Ergebnisse mit einer Simulation bewertet werden.

6
Die Überwachungskomponente

6.1 Konzepte der Überwachungskomponente
6.1.1 Überwachung des Bestandes

Von den Simulationsuntersuchungen aus Kapitel 5 ist bekannt, daß mit niedrigen Beständen kurze Warteschlangen und kurze Durchlaufzeiten erreicht werden können. Sobald der Bestand ansteigt, steigt auch die mittlere Durchlaufzeit und der Durchsatz sinkt. Der Bestand ist also laufend zu überwachen und innerhalb bestimmter Grenzen auszuregeln.

Die in dieser Arbeit untersuchte Montagelinie verfügt über keine Betriebsdatenerfassung, die regelmäßig die fertigungsrelevanten Daten bereitstellen könnte. Allerdings sind bestimmte Prozeßdaten vom Prozeßrechner über eine serielle Schnittstelle verfügbar: die Prozeßdaten enthalten die komplette Produktinformation, d.h. Produktzustand, -aufenthaltsort, gemessene Produktfehler und Verweildauer in der Fertigung. Damit ist die wesentliche Kenngröße Bestand direkt zugänglich. Durch regelmäßigen Vergleich der jeweils aktuellen Bestände kann die Durchlaufzeit ermittelt werden. Schließlich können aus dem Bestand und der Durchlaufzeit die Kenngrößen Auslastung und Terminabweichung berechnet werden.

Die bereitgestellten Prozeßdaten sind direkte, unverarbeitete Daten des aktuellen Fertigungszustandes und für den Benutzer aufgrund der anfallenden Datenmenge nahezu nutzlos. Erst wenn die Prozeßdaten verdichtet oder in geeigneter Form abstrahiert werden, kann die in ihnen enthaltene Information weiterverarbeitet werden. Ein wissensbasiertes Planungssystem wie FLEX arbeitet ebenfalls vorteilhaft auf *abstrakteren, symbolischen Datenelementen.*

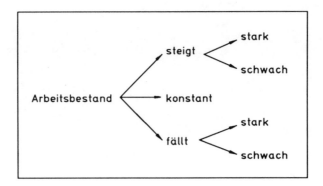

Bild 6.1: Mögliche Bestandsentwicklung einer Seitenlinie

Da die Bestandsentwicklung eine besonders wichtige Rolle spielt, sollte sie in der Repräsentation entsprechend berücksichtigt werden. In der Überwachungskomponente wird die in Bild 6.1 gezeigte Abstraktion der Bestandsentwicklung gewählt. Danach ist der Bestand einer Seitenlinie immer entweder steigend, fallend oder konstant. Durch einen attributiven Zusatz wird die Geschwindigkeit der Änderung ausgedrückt (z.B. Bestand steigt stark). Diese Abstraktion gibt einen schnellen und für den Benutzer kognitiv angemessenen Überblick über die momentane Bestandsentwicklung der einzelnen Seitenlinien in der Montagelinie.

Die Überwachungskomponente besteht, wie schon in Abschnitt 4.2 angedeutet wurde, aus einem Interpretations- und einem Diagnosesystem. Die Überwachung erfolgt damit in den folgenden Schritten:

1. Der aktuelle Fertigungszustand wird zyklisch durch Einlesen der gesamten Prozeßdaten vom Prozeßrechner erfaßt.
2. Aus dem Fertigungszustand werden mit dem Interpretationssystem eventuelle SOLL-Abweichungen in der Bestandsentwicklung durch heuristische Wirkungs-Ursache Beziehungen ermittelt.
3. SOLL-Abweichungen werden mit dem Diagnosesystem weiter untersucht.
4. Das Ergebnis des Diagnosesystems wird der übergeordneten Entscheidungszelle (vgl. Abschnitt 3.4.3 CIM Modul) rückgekoppelt.

6.1.2 Mehrfachverwendung des Diagnosesystems

Das Diagnosesystem soll, wie schon in Abschnitt 6.1.1 angedeutet, die vom Interpretationssystem festgestellten SOLL-Abweichungen weiteruntersuchen und erklären. Darüberhinaus ist es aber auch sinnvoll, bestehende Trends in der Fertigung extrapolieren und vorausschauend bewerten zu können. Auf diese Weise soll deutlich werden, ob ein Handlungsbedarf (Umplanung oder Instandhaltung) besteht oder nicht.

Die Fortschreibung von Trends wird mittels der integrierten Detailsimulation (Modellkomponente, Kapitel 5) vorgenommen. Dazu werden die aktuellen Prozeßdaten in die Simulation eingespielt und eine entsprechende Ereignisliste für den Simulator erzeugt. Die Simulation prädiziert die voraussichtliche Entwicklung der Fertigung und liefert anschließend Ergebnisse, die mit dem Diagnosesystem untersucht werden. Wird eine Umplanung notwendig, können deren Auswirkungen auf den Fertigungsablauf erneut mit der Simulation beurteilt werden.

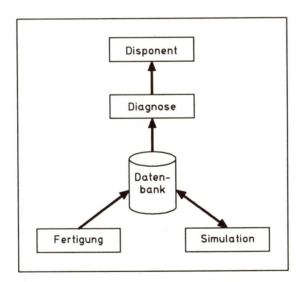

Bild 6.2: Mehrfachverwendung des Diagnosesystems

Schließlich ist es aber auch zweckmäßig, das Diagnosesystem ausschließlich mit Simulationsdaten betreiben zu können: nicht alle Zweige des Diagnosesystems können im realen Betrieb getestet werden, da in der Montagelinie aus wirtschaftlichen Gründen nicht alle Störungen erzeugt werden dürfen. In diesem reinen Simulationsbetrieb soll das Diagnosesystem bezüglich seiner Vollständigkeit getestet werden, indem systematisch alle Störungen in dem Simulationsmodell simuliert werden, die dann vom Diagnosesystem entdeckt und richtig erklärt werden müssen. Diese Mehrfachverwendung des Diagnosesystems ist in Bild 6.2 verdeutlicht. Danach liefern sowohl die reale Fertigung als auch die Simulation (durch die Pfeilspitzen nach oben angedeutet) Untersuchungsdatenmaterial, das in einer Datenbank abgespeichert und für einen späteren Diagnoselauf bereitgehalten wird. Untersuchungsdatenmaterial kann darüberhinaus jederzeit (Pfeilspitze nach unten) in die Simulation eingespielt werden.

Die Diagnose von einerseits Prozeßdaten und andererseits Simulationsdaten macht es erforderlich, von der speziellen Darstellung der Datenlieferanten zu abstrahieren: es muß ein *Speicher mit domänenunabhängigen Objekten* vorgesehen werden. Derartige domänenunabhängige Objekte stellen die zu einem Zeitpunkt gültigen Daten in einem einheitlichen und gewissermaßen generischen Format dar, unabhängig davon, ob sie aus der Simulation oder aus der realen Montagelinie stammen. Das Diagnosesystem kann dann vorteilhaft so ausgelegt werden, daß es ausschließlich mit solchen Datenobjekten arbeitet und nicht unterscheiden muß, woher die in ihnen enthaltenen Daten stammen. Für einen Diagnoselauf müssen dann lediglich mehrerer solcher Objekte aus der Datenbank zur Verfügung gestellt werden.

6.2 Implementation

6.2.1 Störungserkennung und Störungsdiagnose

Eine relativ einfache und sehr verbreitete Methode zur Erkennung anomaler/unerwünschter Situationen ist die *Grenzwertkontrolle*. Sobald ein vorgegebener Maximalwert überschritten oder ein Minimalwert unterschritten wird, erfolgt eine Meldung. Diese Grenzwertkontrolle wird auch in der z.Zt. vorliegenden Softwareimplementation des Interpretationssystems verwendet. Die Grenzwerte stammen aus den vorangegangenen Simulationsstudien (Kapitel 5) und werden so eingestellt, daß einerseits noch ein genügend großer Abstand bis zum Auftreten eines möglichen Schadens bleibt, andererseits unnötige Störungsmeldungen vermieden werden.

Kap. 6   Die Überwachungskomponente

Sollen Daten aus der Fertigung analysiert werden, werden die satzorientierten Daten (Fortran) aus dem Prozeßrechner eingelesen und in äquivalente Commonlisp Datenstrukturen umgesetzt. Nach der Umsetzung stehen sie im obengenannten Datenspeicher für einen Diagnoselauf. Sollen Daten aus der Simulation analysiert werden, werden alle internen Zustände der Simulation wie Pufferfüllstände, Aufenthaltsort der (unterscheidbaren) Produkte, Zustand der Arbeitsplätze, etc. aus der rechnerlesbaren Simulation in den Datenspeicher eingelesen und stehen für einen Diagnoselauf zur Verfügung.

Zur Extrapolation eines Fertigungszustandes identifiziert der Benutzer ein Objekt mit der Beschreibung des aktuell gültigen Fertigungszustandes. Eine Unterfunktion der Überwachungskomponente vollzieht einen Abgleich des Simulationsmodells mit diesem ausgewählten Fertigungszustand und erzeugt automatisch eine entsprechende Ereignisliste für den Simulator. Im Anschluß kann die Simulation gestartet werden, um Entwicklungen der Fertigung zu antizipieren.

Signalisiert die Simulation größere zu erwartende Veränderungen im Fertigungsgeschehen, könnte automatisch entschieden werden, ob eine Änderung der Auftragsreihenfolge notwendig ist (reaktive Planung). Dieser automatische Eingriff war in der Fallstudie nicht erwünscht und wurde deswegen nicht weiterverfolgt. So entscheidet der Fertigungssteuerer, ob er unter den gegebenen Randbedingungen weiterfertigen wird, oder ob er eine Umplanung veranlassen muß. Die Simulationsergebnisse werden automatisch in das domänenunabhängige Format zurückgewandelt und können als Eingabe für das Interpretations- und Diagnosesystem benutzt werden.

Zur Vorbereitung eines Laufs des Interpretationssystems müssen lediglich zwei Objekte im Datenspeicher identifiziert werden: anschließend wird über alle darin enthaltenen Daten untersucht, wieviele und welche Produkte vorher und jetzt in welchem Puffer bzw. Bearbeitungszustand sind. Diese Voruntersuchung hat eine Filterfunktion und dient der Störungserkennung. Das Ergebnis des Interpretationssystems wird unter Verwendung der in Bild 6.1 gezeigten Bestandstendenzen vorgelegt:

- (Bestand steigt-stark linie4)
- (Bestand fällt linie6)

Alle Seitenlinien mit derartigen Abweichungen vom SOLL-Verlauf werden anschließend von dem Diagnosesystem unter zwei Fragestellungen genauer untersucht:

1. Welche Arbeitsplätze sind für diese Abweichungen ursächlich verantwortlich?
2. Wie sind die Bestände vor diesen Arbeitsplätzen?

Wenn sich aus den erkannten Abweichungen eindeutige Hinweise auf Störungen und Ausfälle von bestimmten Arbeitsplätzen ergeben, werden qualitative Rückmeldungen ezeugt, die beispielsweise so aussehen:

- (zuviele-Produkte linie4)
- (wahrscheinlicher-Ausfall station8 linie4)

Das Diagnosesystem wurde zur Vermeidung von Verifikationsproblemen direkt in Commonlisp und nicht mittels KEE implementiert. Ein *Verifikationsproblem* entsteht immer dann, wenn vom Start des Diagnoselaufes bis zum Vorliegen des Diagnoseergebnisses einige Zeit verstrichen ist. Da das Diagnoseergebnis auf früheren Prozeßdaten basiert und eine wesentliche Änderung in den Prozeßdaten ein Diagnoseergebnis hinfällig macht, muß eine Verifikation mit dem Prozeßzustand stattfinden, d.h. es muß festgestellt werden, ob die der Diagnose zugrundeliegenden Prozeßdaten noch Gültigkeit haben. Dazu müßten Schranken festgelegt werden, die die gerade noch zulässigen Abweichungen definieren. Darüberhinaus verbraucht eine Verifikation zusätzliche Zeit, und unter Umständen müßte dann eine Verifikation der Verifikation stattfinden, usw. All dies wird umgangen, wenn ein Diagnosergebnis innerhalb garantierter Antwortzeiten vorliegt. Die vorliegende Implementierung der Überwachungskomponente rechnet im typischen Fall 7-10 Sekunden für Interpretation und Diagnose und ist damit schnell genug. Die Anzeige der Ergebnisse erfolgt durch textuelle Ausgabe und einer Reihe von histogrammähnlichen Schaubildern.

6.2.2 Zusatzfunktionen der Überwachungskomponente

Im Bild 6.3 werden die einzelnen Funktionen der Überwachungskomponente gezeigt. Aus den Prozeßdaten (Produktdaten) werden einerseits (wie in Abschnitt 6.1.1 beschrieben) anomale Entwicklungen durch Interpretation der Bestandsentwicklung erkannt und an das

Kap. 6　　　　　　　　**Die Überwachungskomponente**　　　　　　　　113

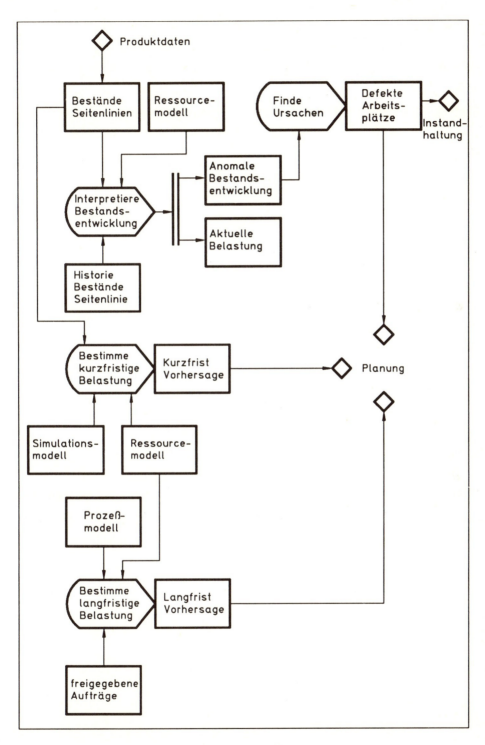

Bild 6.3: GRAI Netz: Funktionen der Überwachungskomponente

Diagnosesystem (gekennzeichnet durch "Finde Ursachen") weitergegeben. Andererseits werden die eingelesenen Daten zur Berechnung der *aktuellen Belastung* der Arbeitsplätze verwendet. Darüberhinaus werden mit dem Simulationsmodell eine *Kurzfristvorhersage* (Extrapolation) und mit dem Ressource- und Prozeßmodell sowie der aktuellen Auftragsreihenfolge eine *Langfristvorhersage* über die Bestandsentwicklung an jedem einzelnen Arbeitsplatz gemacht. Diese Belastungsvorhersagen werden der Planungskomponente zur Verfügung gestellt.

Der Benutzer kann sich auch direkt einen Überblick über die aktuelle Fertigungssituation verschaffen. Dazu stellt ihm die Überwachungskomponente eine Abfragefunktion zur Verfügung, mit der er die interessierenden Fertigungszustände per Hand erfragen kann, z.B.:

1. Welche Produkte sind in Linie 3?

    lookup :barcode ? :linie 3

2. Welche Produkte vom Typ BETA sind in Linie 3?

    lookup :barcode ? :type BETA :linie 3

oder komplizierte Anfragen aus der Menge der bereitgestellten Schlüsselwörter:

3. Welche Linien enthalten welche Produkttypen mit Fehlercode XYZ?

    lookup :linie ? :type ? :fehlercode XYZ

Eine beliebige Kombination der Schlüsselwörter Barcode, Aufenthaltsort, Fehlercode und Produkttype ist zulässig. Die Vollständigkeit der Anfragemöglichkeiten wird durch die extensionale Repräsentation der möglichen Anfragen in einem Entscheidungsbaum sichergestellt.

7
Die Planungskomponente

7.1 Konzepte der Planungskomponente
7.1.1 Imperative und admissive Beschränkungen

Das CIM Planungsmodul FLEX bestimmt die Reihenfolgen der Fertigungsaufträge mittels einer temporalen Inferenzkomponente (TIC, "*temporal inference component*"). Diese Inferenzkomponente ist ein domänenunabhängiges Teilsystem von FLEX und erzeugt die durchführbaren Auftragsreihenfolgen für die Montagelinie unter Berücksichtigung vielfältiger und komplexer zeitlicher Randbedingungen. Das zentrale Organisationsprinzip dieser Randbedingungen (Wissensrepräsentation) ist der Einsatz von Beschränkungen.

Dazu wird die Betriebsmittelverfügbarkeit formalisiert als Menge von frühesten und spätesten Startzeiten, frühesten und spätesten Endzeiten und den Fehlzeiten von Personal bzw. Maschinen. Das Planungsproblem besteht darin, einen Plan zu finden, der sämtliche Beschränkungen berücksichtigt und einhält.

Beschränkungen lassen sich allgemein in zwei Klassen einteilen: einerseits in "SOLL-", bedingte oder *admissive* Beschränkungen (Richtlinien, Zielkriterien, Absichten, Präferenzen), die so gut wie möglich erfüllt werden sollen und i.a. durch Inkaufnahme von Kosten mißachtet werden können, und andererseits in "Muß-", unbedingte oder *imperative* Beschränkungen (Vorschriften, Rahmenbedingungen, Mindestforderungen), die unbedingt erfüllt werden müssen.

Die imperativen Beschränkungen beschreiben die Menge der zulässigen Lösungen (Pläne) und damit den theoretisch möglichen Planungsspielraum. Beispiele für diese Beschränkungen sind:

- technologisch vorgeschriebene Bearbeitungsreihenfolgen der Produkte
- Verfügbarkeit von Ressourcen
- notwendige Umrüstzeiten von Maschinen
- verfügbarer Lagerplatz für Zwischenprodukte

Die admissiven Beschränkungen hingegen stellen mehr *organisatorische* Auswahlkriterien dar und schränken die Menge der zulässigen Lösungen weiter ein. Beispiele für diese Beschränkungen sind:

- wähle Auftragsreihenfolgen mit minimalen Rüstkosten
- wähle Auftragsreihenfolgen mit Auslastung des Engpasses
- wähle Auftragsreihenfolgen, die zu einer gleichmäßigen Kapazitätsnutzung aller Ressourcen (Personal/Maschinen) führen
- wähle Auftragsreihenfolgen mit kleinem Bestand an Zwischenprodukten
- wähle Auftragsreihenfolgen mit sicherer Endtermineinhaltung

Die Gesamtheit dieser Beschränkungen bestimmt den Entscheidungsrahmen und den dispositiven Planungsspielraum, innerhalb dessen gute Lösungen liegen (Bild 7.1). Es ist wichtig, daß bei der Einordnung in SOLL- und in Muß-Beschränkungen zwischen beiden unterschieden wird, denn werden die (objektiv betrachtet) als SOLL-Bedingungen zu betrachtende Beschränkungen als Muß Bedingungen eingeordnet, kommt dies einer willkürlichen Einschränkung des Planungsspielraumes bzw. einer Manipulation der Planungsergebnisse gleich.

Eine rechnergestützte Planung muß so mächtig sein, alle relevanten imperativen und admissiven Beschränkungen der Anwendung repräsentieren und verarbeiten zu können. Natürlich können insbesondere unter den admissiven Beschränkungen Zielkonflikte auftreten. Als Beispiel dafür sei hier der Zielkonflikt "wähle Auftragsreihenfolgen mit kleinem Bestand" und "wähle Auftragsreihenfolgen mit sicherer Endtermineinhaltung" angeführt. Derartige Zielkonflikte werden, wie im weiteren Verlauf gezeigt wird, durch

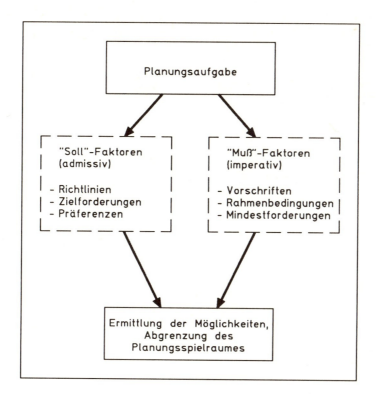

Bild 7.1: Admissive und imperative Beschränkungen
grenzen den Planungsspielraum ein

Vergabe von Prioritäten auf den Beschränkungen gelöst. Die Festlegung dieser Prioritäten liegt im Ermessen des Disponenten und des Unternehmens.

7.1.2 Planung und Planerzeugung in der KI

Der Begriff *Planung* wird in verschiedenen Disziplinen unterschiedlich definiert. Umgangssprachlich bedeutet Plan etwa Vorhaben, Absicht oder Entwurf. In der KI ist die Bedeutung dieses Wortes enger gefaßt. Planung oder Planen meint den Vorgang der Planerzeugung. Planerzeugung bedeutet, daß eine Folge von einer oder mehreren Aktionen entworfen wird, um von einem Anfangszustand über eine Menge von Zwischenzuständen zu einem Endzustand zu gelangen. Die Aktionenfolge muß unter Einhaltung gewisser Randbedingungen gefunden werden. Ein Plan ist demnach die *Repräsentation dieser Aktionenfolge*.

Planen ist eine der grundlegenden Techniken in der KI: in fast jedem KI System kann ein mehr oder weniger tiefliegendes Planungsmodul identifiziert werden. Es kann aber im einzelnen sehr schwierig sein, einen Plan zu erstellen, denn Planungsaufgaben überschreiten vielfach die Grenze, bis zu der ein exaktes und vollständiges Modell aufgestellt werden kann, in dem die Überlegungen prozedural behandelbar sind. Das liegt nicht so sehr an der Anzahl der auftretenden Einzeldaten, sondern mehr an der Komplexität der möglichen Fälle, die im Prinzip auftreten können und bedacht werden müssen. Als Ausweg aus diesem Komplexitätsdilemma wird häufig eine deklarative Repräsentation der Planungsaufgabe gewählt, wofür die KI dazu prinzipiell die zwei Verfahrensweisen der Situationsabstraktion und der Operatorabstraktion [Hertzberg 86] zur Verfügung stellt.

Idee der *Operatorabstraktion* ist es, einen Plan zuerst unter Verwendung abstrakter Operatoren zu beschreiben. Abstrakte Operatoren sind Operatoren, die nicht direkt ausführbar sind. Sie bestehen aus einer Folge einfacherer Operatoren. Ein Plan wird erst unter Verwendung der abstraktesten Operatoren erstellt und dann durch Verfeinerung bzw. Expansion der abstrakten Operatoren solange konkretisiert, bis nur mehr elementare Operatoren verbleiben.

Idee der *Situationsabstraktion* ist es, eine Einteilung der Situationsmerkmale nach ihrer Wichtigkeit vorzunehmen. Ihre Wichtung entspricht der intensionalen Definition verschiedener Abstraktionsstufen. Ein Plan wird erst unter Berücksichtigung der wichtigsten Merkmale als Planrahmen oder Plangerüst erstellt und dann durch fortwährendes Hinzunehmen der "weniger wichtigen" Merkmale schrittweise immer weiter verfeinert.

Die in dem CIM Modul vorliegende Inferenzkomponente verwendet die Situationsabstraktion. Die Stufung der Merkmale mit unterschiedlichem Detaillierungsniveau führt dazu, daß das Plangerüst parallel zum näherrückenden Fertigungsprozeß verfeinert werden kann, bis es sich letztendlich in der kurzfristigen Produktionssteuerung vollständig mit der IST-Situation deckt. Für eine (automatisierte) Planerzeugung mit Situationsabstraktion sind folgende Voraussetzungen notwendig:

1. Darstellung von Zuständen (synonym Situationen).
2. Darstellung von Aktionen (synonym Operatoren).
3. Darstellung der Ausführbarkeit (Vorbedingung), der Durchführung (Zwischenbedingung) und der Wirkung (Nachbedingung) eines Operators auf eine Situation.

Kap. 7 Die Planungskomponente

Für ein Planungssystem, das in einer sich schnell verändernden Umwelt wie dem Produktionsbereich eingesetzt wird, kommen zusätzlich folgende Voraussetzungen hinzu:

4. Darstellung der zeitlichen Abhängigkeiten einzelner Situationen untereinander.
5. Darstellung von zeitlichen Gegebenheiten (Zeitpunkt und Zeitdauer) einer Situation.

Planungssysteme werden neben ihrer Repräsentationsform (Situations- bzw. Operatorabstraktion) auch in *lineare* und *nichtlineare* Planungssysteme unterteilt, abhängig davon, wie sie ein aus konjunktiv verknüpften Teilzielen zusammengesetztes Ziel lösen. Lineare Planungssysteme machen die sogenannte "Linearitätsannahme", d.h. sie suchen Teillösungen, um sie additiv zusammenzubauen. Voraussetzung hierfür ist, daß die Teillösungen nicht oder wenig interagieren und sich insbesondere in der Durchführbarkeit nicht einschränken. Nach Erreichung eines Teilzieles wird versucht, das nächste Teilziel zu erreichen. Werden durch die Erreichung eines Teilzieles die bisherigen Teillösungen zunichte gemacht, wird durch Rücksetzen ("*backtracking*") eine neue Teillösung gesucht, die mit den bisher gefundenen Teillösungen konsistent ist.

Nichtlineare Planungssysteme lösen die Teilziele nicht nacheinander, sondern betrachten sie quasi gleichzeitig. In nichtlinearen Planungssystemen legt die logische Zeitstruktur normalerweise nur eine partielle vorher-nachher Ordnung für die Ausführung der Operatoren fest. Diese Ordnung wird bei der Erweiterung des Planes sukzessive verfeinert. Linearisierung bedeutet dann, daß die nichtlinearen Planteile in eine endgültige Reihenfolge gebracht werden und damit die Nichtlinearitäten aufgelöst werden.

	Operatorabstraktion	Situationsabstraktion
linear		TIC
nichtlinear		

Bild 7.2: Vier wesentliche Klassifikationskriterien von Planungssystemen

Nach dieser groben Klassifikation von Planungssystemen stellt die Inferenzkomponente des CIM Moduls ein lineares Planungssystem mit Situationsabstraktion dar (Bild 7.2). Wesentlich feinere Klassifikationsmerkmale zusammen mit den heute bekannten Suchalgorithmen werden von Tate in seiner ausgezeichneten Übersicht über wissensbasierte Planungstechniken angeführt [Tate 86].

7.1.3 Planung mit Beschränkungen

Viele Probleme aus der KI, der Logik und des Operations Research gehören zu einer speziellen Klasse der NP-vollständigen Probleme. Gaschnig nannte sie "*satisficing assignment problem*" (SAP) [Gaschnig 78], Haralick nannte sie "*consistent labeling problem*" (CLP) [Haralick, Shapiro 79, 80] und andere wie Dechter und Pearl nannten sie "*constraint satisfaction problem*" (CSP) [Dechter, Pearl 88].

Die Algorithmen zur Lösung eines CSP wurden und werden bei einer Reihe von Problemen erfolgreich eingesetzt, z.B.:

- Bilderkennung und -verstehen [Montanari 74], [Waltz 75]
- Analyse von Schaltungen [Stallman, Sussman 77]
- Spezifikation von Softwaresystemen [Balzer 85]
- Repräsentation von physikalischen Systemen [Bobrow 85], [deKleer, Brown 84], [Sussman, Steele 80]
- Planung [Stefik 81]
- Maschinenbelegung [Fox 83], [Tsang 87], [Liu 88]
- Erkennen von aufspannenden Bäumen und Euler Rundreisen in Graphen [Nijenhuis, Wilf 75]
- "*belief revision*" [deKleer 86]

Viele Probleme erfordern jedoch nicht die volle Allgemeinheit von CSP und werden entsprechend als CSP Teilprobleme formalisiert, z.B. Erfüllbarkeit, Erkennen von Graphen-Isomorphie, Berechnen Hamiltonscher Kreise in einem Graphen, Landkarten-Färbeprobleme usw. CSPs bestehen immer aus einem Tripel <X,S,C>:

- X ist eine endliche Menge von Variablen
- S ist eine Menge von endlichen Wertebereichen für die Variablen aus X
- C ist eine endliche Menge von Rand- und Nebenbedingungen für die Variablen aus X

Eine Rand- oder Nebenbedingung drückt eine Beziehung zwischen zwei oder mehr Variablen aus: ihre Repräsentation erfolgt meist als n-stelliges Prädikat (mit n=Anzahl der

Variablen, zwischen denen die Beziehung besteht). Der Wert einer Variablen ergibt sich durch die Auswertung ihrer Beschränkungen[1]. Die Ausdrucksstärke von Beschränkungen erhöht sich wesentlich, wenn Netzwerke von Beschränkungen aufgebaut werden: solche *Beschränkungsnetzwerke* entstehen immer dann, wenn mindestens ein Variablenwert durch zwei oder mehr Beschränkungen charakterisiert wird. Ein solches Netz von Variablen und Beschränkungen stellt eine teilweise Beschreibung einer Lösung dar. Eine Belegung aller Variablen mit Werten wird konsistent oder Lösung genannt genau dann, wenn alle Beschränkungen erfüllt sind.

Das Problem eines CSPs besteht darin, entweder alle Lösungen zu finden, eine Lösung zu finden, oder zu prüfen, ob eine bestimmte Wertebelegung der Variablen Lösung ist. Die Lösung des letzten Problems ist einfach, während die ersten beiden aufwendig zu lösende Probleme sind. Zu ihrer Lösung gibt es verschiedene Verfahren, wobei das bekannteste das einfache Rücksetzverfahren (*"backtracking"*) ist.

Das Rücksetzverfahren erzeugt Teillösungen des CSP und erweitert sie so lange, wie noch Aussicht besteht, daß sie Teil der Gesamtlösung sind. Besteht für eine gefundene Teillösung keine Aussicht mehr auf Erfüllbarkeit, wird zum letzten Entscheidungspunkt des Verfahrens zurückgekehrt und eine Alternative weiterverfolgt (lineare Planerzeugung). Leider ist dieses einfache Backtrack-Verfahren NP-vollständig. Viele Forschungsarbeiten beschäftigen sich damit, verbesserte Verfahren zu entwickeln, z.B. backtrackfreie Verfahren [Freuder 82], [Mackworth, Freuder 85], intelligentes Backtracking (z.B. *"dependency-directed backtracking"*, *"forward checking"*, *"backjumping"*) [Dechter, Pearl 88], [Montanari, Rossi 88], [Mohr, Henderson 86] und [Nudel 83]. Algorithmen und ihre Gegenüberstellung finden sich bei [Haralick, Elliot 80] und [Nadel 88].

Die Lösung eines CSP erfolgt in drei Schritten:

1. Formulierung der Beschränkungen (*"constraint formulation"*):
   Es werden Beschränkungen auf den Variablen definiert.
2. Propagierung der Beschränkungen (*"constraint propagation"*):
   Aus den gegebenen Beschränkungen werden durch schrittweise Verfeinerung neue und schärfere Beschränkungen berechnet, indem eine Folge von Ein-Schritt Berechnungen -

---

[1] Eine formale Definition des Begriffs *Beschränkung* wird u.a. bei [Dechter, Pearl 88] gegeben.

eben die Propagierung - durchgeführt wird. Eine Propagierung wird normalerweise aktiviert, wenn eine Variable in dem Beschränkungsnetz verändert wird, d.h. zusätzliches Wissen über ihren tatsächlichen Wert bekannt wird.

Diese Werteveränderung bewirkt, daß die mit ihr über andere Beschränkungen verbundenen Variablen ebenfalls verändert werden müssen, was wiederum deren Beschränkungen aktiviert, usw. Die Propagierung besteht darin, fortgesetzt die aktivierten Beschränkungen zu erkennen und die Veränderungen dem übrigen Netz bekannt zu machen. Die Propagierung terminiert, wenn keine neuen Änderungen erzeugt werden und ein neuer Gleichgewichtszustand erreicht ist.

3. Erfüllung der Beschränkungen ("*constraint satisfaction*"):

Durch systematisches, bezüglich der Beschränkungen konsistentes Belegen (und Propagieren) der Variablen - kurz Eindeutigmachen - werden entweder alle Lösungen oder genau eine Lösung berechnet. Eine Lösung sieht so aus, daß sämtliche Variablen des Netzwerkes genau einen eindeutigen Wert zugewiesen bekommen haben. Im Rahmen der constraint satisfaction ist es allerdings nicht möglich, Aussagen über die Qualität der Lösung zu treffe. CSP ist kein wie immer geartetes Optimierungsverfahren, sondern ein Beweisverfahren für die (Un-)Erfüllbarkeit der vorliegenden Beschränkungen.

Die Propagierung der Beschränkungen besteht aus zwei dualen Funktionen: einerseits erkennt sie Inkonsistenzen im Beschränkungsnetzwerk, und andererseits schränkt sie es durch Berechnung neuer Beschränkungen auf die bezüglich der Beschränkungen möglichen Alternativen ein. Davis unterscheidet sechs Kategorien der Propagierung von Beschränkungen ("*constraint inference*", "*label inference*", "*value inference*", "*expression inference*", "*relaxation*", "*relaxation labelling*"), je nachdem, was als Variable aufgefaßt und propagiert wird [Davis 87].

Die *vollständige* Propagierung von Beschränkungen garantiert die volle Konsistenz des Netzwerkes, d.h. alle Inkonsistenzen werden entdeckt und entfernt. Allerdings ist die Erkennung aller Inkonsistenzen NP-schwierig und aus Komplexitätsgründen für größere Beschränkungsnetze nicht mehr durchführbar. Die *polynomiale* Propagierung von Beschränkungen hingegen ist nicht in der Lage, jede Inkonsistenz im Netzwerk sofort zu entdecken. Oft ist es so, daß die polynomiale Propagierung die Inkonsistenz in einem Beschränkungsnetzwerk erst dann entdeckt, wenn bereits einige Zeit mit ihm gerechnet wurde. Diese Zeit ist dann verschwendete Rechenzeit.

7.1.4 Wahl einer Zeitlogik

Im Fertigungsbereich gibt es vielfältige Zeitangaben, z.B.

- *qualitative* Zeitangabe: Vorgang A ist während Vorgang B
- *quantitative* Zeitangabe: Vorgang A dauert zwei Stunden, oder Vorgang A dauert zwei Stunden länger als Vorgang B
- *unvollständige* Zeitangabe: Vorgang A ist vor ODER während Vorgang B
- *unsichere* Zeitangabe: Vorgang A ist 1-2 Stunden vor Vorgang B oder Vorgang A dauert 1-2 Stunden länger als Vorgang B

Mit der Repräsentation dieser Zeitangaben beschäftigen sich auch eine ganze Reihe von Planungssystemen in der KI, z.B. (in chronologischer Reihenfolge) DEVISER [Vere 83], TIMELOGIC [Allen, Koomen 83], ISIS [Fox 83], OPIS [Smith, Ow 85], FORBIN [Dean 85], [Miller et al 85], TLP [Tsang 87], CROPS [Guiot et al 88] und SONJA [Sauve 89].

Zeitlogiken wurden schon von den frühen Philosophen[2] entwickelt, wurden aber erst in jüngerer Zeit (seit etwa 1972) mit der Verbreitung von Rechnern implementiert. Klassische Anwendungen innerhalb der Informatik sind die Beschreibung von Kommunikationsprotokollen zweier Partner (Zeit und Dauer der Kommunikation) sowie Überprüfungen nebenläufiger Programme auf Fairness bei der Ressourcenvergabe.

Gegenüber den traditionellen Methoden des Operations Research haben sie den großen Vorteil, daß anfangs keine exakten quantitativen Daten verlangt werden. Die Vorteile, die sich daraus ergeben, sind:

- die explizite Formulierung rein qualitativer Relationen zwischen Situationen
- die Behandlung zeitlicher Zusammenhänge auf abstraktem Niveau und somit die *Verallgemeinerung von Spezialfällen*
- die Formulierung und Berücksichtigung von Gesetzmäßigkeiten
- die Trennung zwischen domänenunabhängigem und domänenabhängigem Wissen und damit der Möglichkeit, Wissen auszutauschen

---

2 Philosophische Fragestellungen waren: Ist die Zeit diskret oder kontinuierlich? Gibt es so etwas wie Zeitatome? Ist *Zeit* endlich oder unendlich?

Qualitative Daten leisten die notwendige Abstraktion von einem speziellen Fall zum Allgemeinen. Das wiederum ermöglicht die Formulierung von allgemeinen Beziehungen über Klassen von Fällen und, letztendlich, die Entwicklung eines Expertensystems.

Eine Übersicht über die verschiedenen temporalen Logiken gibt Galton. Neben epistemologischen Bewertungskriterien betrachtet er auch zeitpunkt- und zeitintervallbasierte Logiken [Galton 87]. Punktlogiken (PL) und Intervallogiken (IL) sind im Prinzip gleichmächtig, da ein Zeitintervall exakt durch Anfangs- und Endpunkt, bzw. ein Zeitpunkt pragmatisch durch ein beliebig kleines Zeitintervall dargestellt werden kann. Trotzdem kann die jeweilige Einfachheit und die Eleganz der Handhabung in verschiedenen Anwendungsbereichen sehr unterschiedlich sein.

Während eine IL-basierte Wissensbasis aus konjunktiv verknüpften Klauseln über die zeitliche Beziehung je zweier Zeitabschnitte zueinander besteht, ist eine PL-basierte Wissensbasis eine Konjunktion von Klauseln über die zeitliche Lage je zweier Zeitpunkte zueinander. Viele der IL-Klauseln (aber nicht alle, wie Beispiele in [Becker 88] und [Villain, Kautz 86] zeigen) lassen sich in Konjunktionen von PL-Klauseln über die Anfangs- bzw. Endpunkte der entsprechenden Intervalle umformen. Die Wahl zugunsten einer IL oder einer PL hängt letztendlich von der Anwendung ab. Wenn Uneindeutigkeiten vorhanden sind, ist die Benutzung von IL die bessere Wahl, nicht zuletzt auch wegen der einfacheren und natürlicheren Darstellung zeitlicher Beziehungen. Die Notwendigkeit dafür wird immer dann vorliegen, wenn es darum geht, zeitliche Abläufe (in die Zukunft hinein) zu planen oder nicht direkt beobachtete Beziehungen zu folgern. Beides ist bei der hier vorgesehenen Anwendung der Fall.

In dieser Arbeit wird die Pragmatik der Zeitlogik betrachtet: ihre Anwendbarkeit und ihr Nutzen für Planungszwecke, spezieller für Planung in der Produktion. Allens Zeitlogik scheint von allen Zeitlogiken die pragmatischte zu sein: es gibt bereits einige Planungssysteme, die auf ihr basieren, und Allen selbst hat ihre Anwendbarkeit im Bereich Planen untersucht[3], ein Kernpunkt menschlicher Aktivitäten und deshalb prominentes Ziel in der KI. Andere Zeitlogiken (siehe Übersicht in [Galton 87]) scheinen philosophischen Fragestellungen verhaftet zu sein.

---

3 Allen und Koomen beschränken sich jedoch auf eine Bauklötzchenwelt und die Planung der notwendigen Roboterbewegungen, einen Klötzchenturm umzuschichten.

7.2 Qualitative Repräsentation der Zeit (Zeitlogik)
7.2.1 Grundlagen der qualitativen Repräsentation

Die Zeitlogik von Allen[4] ist eine klassische Prädikatenlogik 1. Ordnung (FOL). FOL hat den Vorteil der Vollständigkeit und kann relativ leicht in Form logischer Programme implementiert werden. In [Allen 83] und [Allen 84] stellt Allen seinen Ansatz für eine intervallbasierte Zeitlogik ausführlich dar: es werden *kontinuierliche, zusammenhängende Zeitabschnitte* (Intervalle) behandelt. Den Intervallen werden durch zeitlich qualifizierte Zusicherungen (TQA, *"temporal qualified assertion"*) Geschehnisse und Zustände zugeordnet, die darin stattfinden. Allen unterscheidet dabei drei Kategorien:

1. *Zustände* bezeichnen solche Aspekte des Geschehens, die als statisch angesehen werden sollen, als Ausprägung eines Merkmals. Wenn ein Zustand Z während eines Intervalles I gilt, so gilt er auch während jeden Teilintervalles von I. Konvention ist, daß Aussagen über die Gültigkeit von Zuständen stets über den größtmöglichen Zeitraum ihrer Gültigkeit getroffen werden.
   Formal: **HOLDS (Z, I)**

2. *Ereignisse* sind dynamische Vorgänge. Sie können sowohl längere als auch sehr kurze Zeitabschnitte betreffen. Gemeinsam ist allen Ereignissen, daß sie ein Ziel besitzen, das erreicht werden muß, damit das Ereignis stattgefunden hat: Ereignisse sind telisch. Darüberhinaus ist das ein Ereignis E repräsentierende Intervall I stets das kleinstmögliche. Daraus ergibt sich eine besondere Eigenschaft von Ereignissen: Ein Ereignis E, das während eines Intervalls I stattgefunden hat, hat in keinem Teilintervall von I stattgefunden.
   Formal: **OCCUR (E, I)**

3. *Prozesse* beschreiben ebenfalls dynamische Vorgänge. Im Unterschied zu den Ereignissen sind sie jedoch nicht telisch. Läuft ein Prozess P während eines Intervalles I, so auch innerhalb zumindest eines Teilintervalles von I, typischerweise während mehrerer oder aller. Im Gegensatz zu einem Ereignis ist kein Ziel angegeben.
   Formal: **OCCURRING (E, I)**

---

4 Allerdings bietet das Kalkül noch weit mehr: Analyse von Ereignissen, Aktionen, Glauben, Absicht und Kausalität.

Der Oberbegriff dieser drei Kategorien lautet *Situation*. Zwischen den Situationen bestehen qualitative zeitliche Beziehungen, die aus einer disjunktiven Menge sich gegenseitig ausschließender Relationen bestehen. Allen definierte sieben verschiedene primitive Relationen (Zeitprimitiven), denen jeweils noch eine inverse primitive Relation zugeordnet ist. Insgesamt ergibt dies 13 Zeitprimitiven (die primitive Relation equals ist invers zu sich selbst), die jede mögliche Lage der Situationen zueinander zu beschreiben vermögen. Bild 7.3 stellt alle 13 primitiven Relationen mitsamt ihrer Bedeutung bildlich dar.

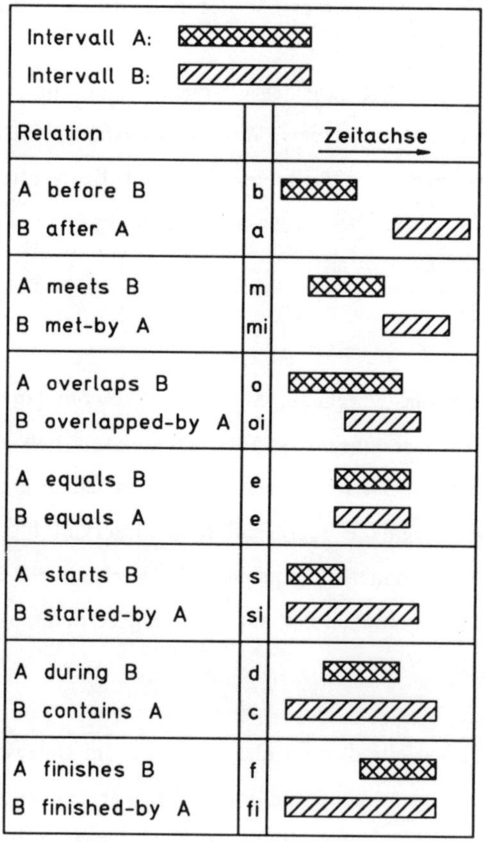

Intervall A:	▒▒▒▒▒▒▒	
Intervall B:	▨▨▨▨▨▨▨	
Relation		**Zeitachse →**
A before B	b	▒▒▒▒
B after A	a	▨▨▨
A meets B	m	▒▒▒▒
B met-by A	mi	▨▨▨
A overlaps B	o	▒▒▒▒▒▒
B overlapped-by A	oi	▨▨▨
A equals B	e	▒▒▒▒
B equals A	e	▨▨▨
A starts B	s	▒▒▒
B started-by A	si	▨▨▨▨▨
A during B	d	▒▒▒▒
B contains A	c	▨▨▨▨▨▨
A finishes B	f	▒▒▒▒
B finished-by A	fi	▨▨▨▨▨▨

Bild 7.3: Bildliche Darstellung der Bedeutung der 13 primitiven Relationen

Quantitative Daten - wie Datum oder Uhrzeit - über zeitliche Lage oder Ausdehnung der Intervalle sind in dieser Zeitlogik nicht vorgesehen.

Kap. 7 Die Planungskomponente 127

Die 13 Zeitprimitiven sind nicht homogen bezüglich Transitivität und Symmetrie. Einige primitive Relationen sind transitiv, wie z.B.:

A before B
B before C
==========
=> A before C

andere sind es nicht:

A overlaps B
B overlaps C
============
≠> A overlaps C

Die Zeitprimitiven sind außer "equals" nicht symmetrisch. Da die umgangssprachliche Bedeutung der Übersetzung der von Allen gewählten Bezeichnungen für die primitiven Relationen nicht immer mit der definierten Bedeutung übereinstimmt (vgl. Bild 7.3), werden im folgenden stets die englischen Bezeichnungen übernommen, sofern es um Relationen geht. Deutsche Bezeichnungen sind umgangssprachlich zu verstehen.

Der Oberbegriff *Relation* wird in Anlehnung an Muller mit Hilfe der primitiven Relationen definiert [Muller 87]. Eine Relation soll die möglichen Lagen von Intervallen (genau genommen: die Situationen, die durch die Intervalle repräsentiert sind) zueinander beschreiben können. Sei $M_p = \{p_1,...,p_{13}\}$ die Menge der 13 primitiven Relationen und A und B Intervalle. Sind nun A und B durch eine Relation $R = (p_i \ldots p_j)$, $1 \leq i, j \leq 13$, verknüpft, so bedeutet dies:

$$A \, R \, B = \underset{i \leq k \leq j}{\text{XOR}} \, A \, p_k \, B$$

Beispiel:
A (starts during finishes) B <=> A spielt sich irgendwann innerhalb von B ab
(vage Aussage über die tatsächliche Lage von A zu B).

Auf diese Weise lassen sich beliebige Relationen zusammenstellen[5]. Besteht eine Relation nur aus einer primitiven Relation, soll sie *eindeutige* Relation genannt werden. Sie bedeutet, daß die qualitative Beziehung der betroffenen Intervalle exakt festgelegt ist. Eine Relation, die hingegen aus mehreren primitiven Relationen besteht, soll *uneindeutige* Relation genannt werden. Sie drückt aus, daß die Beziehung zwischen den betroffenen Intervallen nicht exakt festgelegt werden soll oder kann. Eine besondere uneindeutige Relation ist diejenige, die aus allen 13 primitiven Relationen besteht. Sie besagt, daß keine Information über die Beziehung der betroffenen Intervalle zueinander verfügbar ist.

Die Inverse einer Relation ergibt sich aus der Invertierung der enthaltenen primitiven Relationen: Sei $R = (p_i...p_j)$, $1 \leq i, j \leq 13$, eine Relation. Dann wird unter der Inversen dieser Relation verstanden:

$$inv(R) = (inv(p_i)...inv(p_j)).$$

Dabei ist unter $inv(p)$ die zu p inverse primitive Relation zu verstehen. Für alle Relationen R und alle Intervalle A und B gilt:

$$A \; R \; B = B \; inv(R) \; A.$$

Beispiel:
A (before meets) B <=> B (after met-by) A

Ein Ausdruck der Art A R B ist ein Faktum über die relative Lage von zwei Intervallen A zu B und über einer Basis solcher Fakten können Schlußfolgerungen über die Relationen anderer Intervalle gezogen werden. Bild 7.4 zeigt, wie sich in einfachen Fällen eine Relation bildlich aus zwei anderen Relationen ableiten läßt. Die zwei gestrichelten Balken deuten die Unsicherheit über den Anfangs- bzw. Endpunkt des jeweiligen Zeitabschnittes an. Das zeitliche Schließen mittels eines Algorithmus geht mit den in Abschnitt 7.1 vorgestellten Verfahren, wobei die Propagierung der Fakten über temporale Beziehungen nach der im Abschnitt 7.1.3 vorgenommenen Klassifizierung der "*label inference*" entspricht.

---

[5] Es gibt genau $2^{13}-1$ Möglichkeiten, um konsistente Relationen darzustellen. Die leere Relation () bedeutet Inkonsistenz.

Kap. 7 — Die Planungskomponente

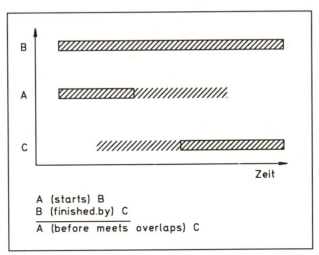

Bild 7.4: Bildliche Berechnung einer Relation aus zwei anderen Relationen

Zur Axiomatisierung des zeitlichen Schließens hat Allen $12 \cdot 12 = 144$ Transitivitätsaxiome aufgestellt (in [Allen 83]). Nach Muller läßt sich darüber eine Transitivitätsfunktion Tr entwickeln, deren zwei Parameter eindeutige Relationen sind [Muller 87]. Damit läßt sich die von Allen beschriebene transitive Hülle über uneindeutige Relationen definieren: Seien $R1 = (p_{1.1} \ldots p_{1.m})$ und $R2 = (p_{2.1} \ldots p_{2.n})$, $1 \leq m,n \leq 13$, zwei Relationen. Dann ist unter der *transitiven Hülle* über R1 und R2 die Vereinigungsmenge der primitiven Relationen zu verstehen, die sich aus den Tabelleneinträgen aller möglicher Paare der primitiven Relationen aus R1 und R2 ergeben:

$$\text{Tr}\,[(p_{1.1} \ldots p_{1.m}), (p_{2.1} \ldots p_{2.n})] = \bigcup_{i,j} \text{Tr}\,[(p_{1.i}),(p_{2.j})].$$

Die Werte von Tr $[(p_{1.i}),(p_{2.j})]$ ergeben sich jeweils aus dem entsprechenden Eintrag in der Tabelle der Transitivitätsaxiome.

Beispiel:

Gegeben:	A (during before) B
	B (before during) C
Gesucht:	A (???) C

Es gilt:

R = Tr [(before during),(during before)]

  = Tr [(before),(during)]

    U Tr [(before),(before)]

    U Tr [(during),(during)]

    U Tr [(during),(before)]

  = U (before meets overlaps starts during) U (before) U (before) U (during)

  = (before meets overlaps starts during)

Für die gesuchte Relation ergibt sich: A (before meets overlaps starts during) C.

Die transitive Hülle über mehr als zwei Relationen wird sukzessiv gebildet. Welche Verknüpfung dabei zuerst berechnet wird, ist beliebig, da Tr dem Assoziativgesetz genügt:

    Tr [R1,Tr [R2,R3]] = Tr [Tr [R1,R2] ,R3].

Im Allgemeinen ist Tr nicht kommutativ. Vielmehr weist Muller auf die Gültigkeit einer komplizierteren Beziehung hin:

    Tr [R1,R2] = inv(Tr [inv(R2),inv(R1)]).

Die Fakten über die zeitliche Lage der Intervalle zueinander bedeuten Beschränkungen ihrer möglichen Lagen. Somit stellt eine Menge konjunktiver Fakten ein System von Beschränkungen dar, das sich übersichtlich in Form eines Beschränkungsnetzes (Abschnitt 7.1.3) darstellen läßt. Die Knoten darin sind die Intervalle, die (gerichteten) Kanten die Relationen. Da es für jede Relation eine inverse Relation gibt, existieren zwischen zwei Knoten auch zwei umgekehrt zueinander gerichtete Kanten. Aus Gründen der Übersichtlichkeit wird üblicherweise aber nur eine der beiden explizit dargestellt. Unterdrückt wird ebenfalls die triviale Beziehung A (equals) A für alle Intervalle A des Netzes.

In jedem temporalen Netz existieren zwischen den Knoten *Pfade*, wie sie aus der Graphentheorie bekannt sind. Einem solchen Pfad entspricht eine Abfolge von Relationen, deren Anzahl die Länge des Pfades ist. Im folgenden soll mit Pfad jeweils ein zyklenfreier Pfad mit Länge ≥1 gemeint sein. Die Relation, die zwischen den zwei durch einen Pfad verbundenen Intervallen besteht, läßt sich durch Berechnen der transitiven Hülle über der dem Pfad entsprechenden Abfolge von Relationen bestimmen. Zwei Intervalle heißen *direkt* oder explizit miteinander verknüpft, falls zwischen ihnen ein Pfad der Länge 1 existiert. Sie sind *indirekt* miteinander verknüpft, falls ein Pfad mit Länge größer als 1 existiert.

7.2.2 Modellierung mit Referenzintervallen

In den Netzen, wie sie Allen und Koomen benutzen, ist jedes Intervall eines temporalen Netzes mit jedem anderen direkt verbunden (vollständige Vernetzung) [Allen, Koomen 83]. Zur Reduzierung des Berechnungsaufwands in solchen Netzen schlägt Allen den Verzicht auf eine vollständige Vernetzung aller Intervalle vor und entwickelt den Begriff des *Referenzintervalles* (der allerdings nur sehr informell definiert wird). Auf formaler Ebene handelt es sich dabei um ein gewöhnliches Intervall, das jedoch aufgrund seiner Bedeutung geeignet ist, andere Intervalle zu gruppieren. Diese anderen Intervalle bilden die *Gruppe* des betreffenden Referenzintervalles. Jedes Intervall der Gruppe kann dabei wieder Referenzintervall einer weiteren Gruppe von Intervallen sein[6]. Ein vollständig verknüpftes temporales Netz kann als ein Spezialfall von Netzen mit Referenzintervallhierarchie betrachtet werden: Es besteht sozusagen aus einem einzigen Referenzintervall und seiner einzigen Gruppe.

Eine Relation zwischen einem Intervall und einem seiner Referenzintervalle soll *Referenzrelation* genannt werden, eine Relation zwischen Intervallen derselben Gruppe *Gruppenrelation*. In einem Netz mit Referenzhierarchie ist es nun ausreichend, lediglich die Referenzrelationen und Gruppenrelationen explizit zu halten. Zwar ist mit dieser Gruppierung der Intervalle ein gewisser Informationsverlust verbunden: Manche Beziehungen zwischen den Intervallen sind nicht mehr explizit, da an der betreffenden Stelle keine Kante vorgesehen ist. Diese Schwäche kann jedoch durch geeignete Modellierung umgangen werden. Die transitiven Hüllen über die möglichen Pfade zwischen solchen Intervallen aber liefern oftmals Relationen, die nicht streng genug sind; sie bestehen aus zu vielen primitiven Relationen. Um dem Abhilfe zu schaffen, können weitere (als irregulär

---

6 Da alle Intervalle einer Gruppe untereinander und mit ihrem Referenzintervall vollständig verknüpft sind, ist eine Gruppe eine (k-1)-Clique im Sinne der Graphentheorie.

zu bezeichnende) Kanten eingefügt werden. Sie passen allerdings nicht in die Referenzintervall-Netzstruktur hinein, und Allen weist darauf hin, daß die exzessive Nutzung irregulärer Kanten letztlich zur "Ausflattern" der Referenzhierarchie führt[7].

Die Netze, in denen jedes Intervall nur jeweils höchstens ein Referenzintervall besitzt und in denen keine irregulären Kanten vorkommen, sollen *baumähnlich* genannt werden. Betrachtet man nur die in ihnen enthaltenen Referenzrelationen, so bilden sie die Struktur eines Baumes. Im Bild 7.5 ist ein Beispiel für ein Beschränkungsnetz mit Referenzintervallen gezeigt. Die dicken Pfeile bezeichnen jeweils die Referenzintervallrelationen, die dünnen Pfeile bezeichnen die Gruppenrelationen. Zum Vergleich dazu zeigt Bild 7.6 ein Netz, in dem zwei Intervalle jeweils zwei Referenzintervalle (die zwei gepunktet eingezeichneten Relationen) haben. Dieses Netz ist damit nach der gegebenen Definition nicht mehr baumähnlich.

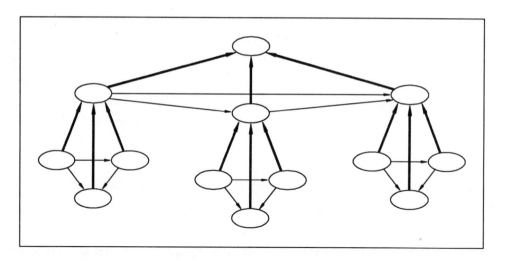

Bild 7.6: Beispiel für ein Netz mit singulären Referenzintervallverbindungen

Die Gliederung eines Netzes in Referenzebenen wurde aufgrund pragmatischer Gesichtspunkte vorgenommen. Oftmals steht die Intention dahinter, daß in der Hierarchie weiter oben liegende Referenzebenen abstraktere Konzepte beschreiben bzw. eine Situation gröber beschreiben als weiter unten liegende Ebenen. Vom Standpunkt der Wissensrepräsentation aus gesehen liegt mit den Referenzebenen eine Hierarchisierung des Problems mit der schon erwähnten Situationsabstraktion vor. Jedes Referenzintervall zusammen mit

---

7 "With overuse, such tricks tend to "flatten out" the reference hierarchy ... ." [Allen 83]

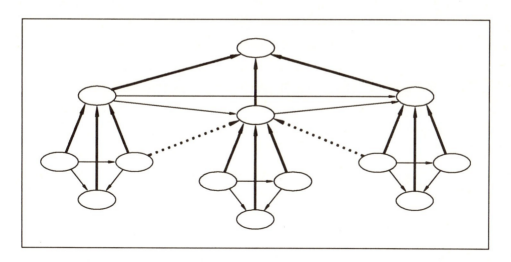

Bild 7.6: Beispiel für ein Netz mit multiplen Referenzintervallverbindungen

seiner Gruppe repräsentiert die Konkretisierung bzw. Verfeinerung eines Teilaspektes des Gesamtnetzes. Zunächst werden kleine überschaubare Teilbereiche verplant, sodann verfeinert man diese Teilpläne. Die Möglichkeit einer solchen Dekomposition beruht darauf, daß die einzuhaltenden Beschränkungen einen lokalen Charakter haben. Diese Tatsache kann ausgenutzt werden, um beim Eindeutigmachen des Netzes Inkonsistenzen bereits auf möglichst hohem Niveau zu erkennen.

Daneben bietet das Einhalten einer baumähnlichen Netzstruktur auch noch einen weiteren Vorteil. Immer wenn die Relation zwischen zwei nicht explizit verbundenen Intervallen benötigt wird, muß diese (wie oben dargestellt) durch Bildung der transitiven Hülle über einen Pfad zwischen ihnen berechnet werden. Dabei ist man daran interessiert, eine möglichst starke Einschränkung für die so erhaltene Relation zu berechnen. Im Falle der Existenz mehrerer Pfade braucht kein bester Pfad in dem Sinne zu existieren, daß die transitive Hülle über ihn die schärfste Beschränkung für die gesuchte Relation liefert. Eine mindestens ebenso scharfe (oder schärfere) Beschränkung kann nämlich durch den Durchschnitt der transitiven Hüllen aller Pfade gefunden werden.

Somit ist es nicht möglich, sich bei der Pfadsuche heuristischer Verfahren wie der Geringsten-Kosten-Suche zu bedienen. Auch ist es nicht möglich, anhand der Zwischenergebnisse bei der Berechnung der transitiven Hülle eines Pfades ein Kriterium für vorzeitigen Abbruch zu finden, da ja schon durch die nächste Kante die bis dato erzielte Relation beliebig stark eingeschränkt werden kann. Im Falle einer baumähnlichen Struktur bedeutet diese Suche eine Suche innerhalb des Baumes der Referenzrelationen. Innerhalb eines Baumes existiert aber zwischen zwei Knoten immer nur genau ein Pfad. In diesem Fall also kann statt eines aufwendigen Graphsuchverfahrens ein kostengünstigeres Baumsuchverfahren verwendet werden. Aus den genannten Gründen erzeugt und bearbeitet die entwickelte Inferenzkomponente nur baumähnliche Netze.

Nach Becker muß der von Allen angegebene Propagierungsalgorithmus für Netze mit Referenzhierarchie modifiziert werden. Im Falle, daß zwei Intervalle nicht mehr explizit miteinander verknüpft sind, muß die transitive Hülle über (mindestens) einen Pfad zwischen ihnen berechnet werden. Verzichtet man auf die Möglichkeit, einem Intervall mehrere Referenzintervalle zuzuordnen (Verzicht auf die gepunktet gezeichneten Relationen in Bild 7.6), reicht es aus, die Änderung nur innerhalb der betroffenen Gruppe von Intervallen zu propagieren, wie in [Becker 88] formal nachgewiesen wird. Da sich Einschränkungen von Relationen nicht aus der betroffenen Gruppe von Intervallen herauspropagieren, können die einzelnen Gruppen *unabhängig* voneinander eindeutig gemacht werden. Dadurch kann die Suche nach konsistenten Belegungen für die Relationen eines Netzes auf die Suche nach konsistenten Belegungen für die Relationen einer Gruppe stark reduziert werden (Abschnitt 7.2.4).

7.2.3 Konsistenz

Das Einfügen neuer Kanten in das Netz durch Berechnung transitiver Hüllen wird als Propagierung der Relationen im temporalen Netz bezeichnet und mittels Algorithmen für das Propagieren in Beschränkungsnetzen durchgeführt. Die generellen Eigenschaften der Propagierung und ihrer Algorithmen wurden schon in Abschnitt 7.1.3 vorgestellt.

Ein temporales Netz ist konsistent, falls

1. jede explizite Relation A R B zwischen zwei Intervallen A und B aus mindestens einer primitiven Relation besteht und

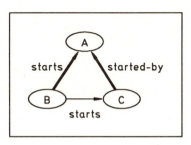 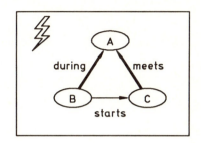

Bild 7.7: Beispiel für ein konsistentes Netz   **Bild 7.8**: Beispiel für ein inkonsistentes Netz

2. die transitive Hülle über alle existierende Pfade zwischen A und B eine Obermenge von A R B ist.

Die Bilder 7.7 und 7.8 zeigen jeweils ein Beispiel für ein konsistentes bzw. ein inkonsistentes Netz.

Da die Überprüfung eines temporalen Netzes auf volle Konsistenz aufwendig ist (Abschnitt 7.1.3), wird darauf verzichtet und lediglich *3-Konsistenz* gefordert. 3-Konsistenz bedeutet, daß auf die Konsistenzberechnung von Pfaden beliebiger Länge verzichtet wird und lediglich Pfade der Länge 2 (d.h. solche Pfade, die über drei Intervalle laufen) berücksichtigt werden. Ansonsten gelten die gleichen Bedingungen wie bei voller Konsistenz. 3-Konsistenz ist aber nur eine notwendige Bedingung für volle Konsistenz[8]: ein Verfahren, in dem das Kriterium für 3-Konsistenz zum Nachweis der Inkonsistenz einer Faktenbasis verwendet, ist zwar korrekt - was als inkonsistent erkannt wird, ist es auch - , aber nicht vollständig denn nicht zurückgewiesene Faktenbasen können weiterhin inkonsistent sein.

Die in dieser Arbeit entwickelte temporale Inferenzkomponente benutzt diesen eingeschränkten Konsistenzbegriff, um temporale Netze zu verarbeiten. Es wird sich jedoch herausstellen, daß die daraus generierten Pläne aufgrund weiterer Verfahrensschritte dennoch voll konsistent sind.

---

[8] In [Allen 83] und [Tsang 86] sind Beispiele zu finden, die zwar 3-konsistent, aber nicht voll konsistent sind.

7.2.4 Komplexität

Der Aufbau vollkonsistenter temporaler Netze ist NP-schwierig [Villain, Kautz 86]. Um diesen Aufwand zu reduzieren, erzeugt und bearbeitet die Inferenzkomponente 3-konsistente, über Referenzrelationen verknüpfte, temporale Netze. In diesem Fall geht einerseits maßgeblich die Anzahl Z der im Netz vorhandenen Relationen ein. Im Falle des vollständig verknüpften Beschränkungsnetzes sind dies

$$Z = n \cdot (n-1)/2 = O(n^2).$$

Dabei bezeichnet n die Anzahl der Intervalle. Da jede Relation nur maximal 13 mal eingeschränkt werden kann, sind also höchstens $13 \cdot n \cdot (n-1)/2$ Änderungen von Relationen möglich. Spätestens dann muß der Algorithmus terminieren. Die zweite entscheidende Größe ist der Aufwand für die Änderung einer Relation zwischen zwei Intervallen A und B. Dazu müssen für alle anderen Intervalle C die transitiven Hüllen TR [A R C, C R B] und TR [B R C, C R A] berechnet werden. Dies sind $2 \cdot (n-2) = O(n)$. Die dazu durchzuführenden Operationen werden als konstant angesehen. Insgesamt ergeben sich somit Rechenzeitkosten für den Aufbau 3-konsistenter Netze in Höhe von

$$O(n^2) \cdot O(n) = O(n^3).$$

Durch die Modellierung mit Referenzintervallen können sich diese Kosten ändern. Liegt nur ein Referenzintervall vor, das von allen anderen Intervallen referenziert wird (ungünstigster Fall), gibt es keine Veränderung. Wenn hingegen durch ausgewogene Modellierung eine Hierarchie mit Referenzintervallen entsteht, kann im besten Fall eine Reduktion des Aufwands auf $O(n)$ erreicht werden (nach Berechnung in [Becker 88]). Die letztgenannten Abschätzungen der Kosten gelten für den Aufbau temporaler Netze: die Berechnung seiner Lösungen (Eindeutigmachen) erfordert weiteren Zeitaufwand.

Eindeutigmachen ist eine Instanz der Klasse CSP (Abschnitt 7.1.3) und damit NP-vollständig [Tsang 87], [Villain, Kautz 86]. Da aber baumähnlich strukturierte Netze verarbeitet werden, genügt es, alle Referenzintervalle mit den Intervallen ihrer Gruppe eindeutig zu machen. Die für die jeweilige Gruppe gefundenen konsistenten Belegungen können miteinander kombiniert werden, ohne daß es zu Inkonsistenzen kommen kann. Auf diese Weise können die Rechenzeitkosten für das Eindeutigmachen eines Netzes drastisch reduziert werden, nämlich auf das Produkt aus der Anzahl der Gruppen im Netz und den Kosten für das Eindeutigmachen einer Gruppe. Der Gesamtaufwand ist damit letztendlich abhängig von Anzahl und Größe der Gruppen, die das Netz bilden.

7.2.5 Qualitatives Planen

Die geschilderten Eigenschaften der Zeitlogik gestatten es, ein 3-konsistentes temporales Netz aufzubauen. Da die darin enthaltenen Relationen i.a. nicht eindeutig sind, sondern Mengen möglicher Werte beschreiben, können keine (bzw. nur sehr beschränkte) Aussagen über zulässige Kombinationen einzelner Werte der verschiedenen Variablen getroffen werden. Mit anderen Worten ist es nicht möglich, direkt eine zulässige Abfolge der Intervalle abzulesen, da nicht jede Kombination von Relationen zulässig ist. Ein solches uneindeutiges Netz kann damit noch nicht als ein (qualitativer) Plan angesehen werden, da die gesuchte Reihenfolge nur implizit ausgedrückt ist[9].

Werden nun die nicht eindeutigen Relationen des Netzes der Reihe nach auf alle in ihnen enthaltenen primitiven Relationen eingeschränkt und jede Einschränkung propagiert ("*constraint satisfaction*"), entstehen schließlich eindeutige Netze. Jedes eindeutige Netz kann als eine Extension des qualitativen Planes aufgefaßt werden. Die Menge der derart berechneten eindeutigen Netze stellt tatsächlich exakt die Menge aller zulässigen, vollkonsistenten Wertkombinationen dar und nicht nur die der 3-konsistenten Wertkombinationen. Dies wird plausibel, wenn bedacht wird, was die Ursache für Inkonsistenzen innerhalb der 3-Konsistenz ist. Damit ein 3-konsistentes Netz inkonsistent sein kann, müssen darin mindestens geschlossene Pfade der Länge 4 oder größer existieren, denen uneindeutige Relationen gemeinsam sind. Nur dann kann es passieren, daß durch das Eindeutigmachen eines Pfades auch der andere Pfad eindeutig wird und daß verschiedene Werte für gemeinsame Relationen erzwungen werden. Laut Valdes-Perez ist dies jedoch die einzige Ursache, die zu Inkonsistenzen führt, die nicht innerhalb der 3-Konsistenz entdeckt werden [Valdes-Perez 87]. Diese Ursache für Inkonsistenz entfällt aber, sobald alle Relationen eindeutig sind, und somit ist es korrekt, eindeutige temporale Netze als Pläne (auf qualitativer Ebene) zu bezeichnen.

---

9   Gewissermaßen repräsentiert es die Intensionen von Plänen. Die implizit enthaltenen Reihenfolgen (= Pläne) können als deren Extensionen betrachtet werden.

7.3 Quantitative Repräsentation der Zeit

7.3.1 Grundlagen der quantitativen Repräsentation

Für die Berücksichtigung quantitativer zeitlicher Daten neben den qualitativen gibt es verschiedene Gründe. Wird ein temporales Netz als Instrument betrachtet, die zeitliche Lage zukünftiger Situationen zu berechnen, die sich als Konsequenzen anderer Situationen ergeben, so ist eine rein qualitative Angabe nicht ausreichend: Zwar ist ersichtlich, daß gewisse zeitliche Abfolgen stattfinden werden, aber es ist nicht bekannt, wieviel Zeit im Einzelnen vergeht. Gerade das ist aber in technischen Anwendungen interessant, wenn es darum geht, Vermeidungsstrategien zu entwickeln[10].

Auch die Ausführung eines Planes bedarf quantitativer Daten. Zwar können Pläne durch eindeutige temporale Netze auf qualitativer Ebene entwickelt und dargestellt werden, deren Ausführung jedoch erfolgt stets auf quantitativer Ebene (in der realen Zeit). Jeder Teilschritt beginnt zu einem festgelegten Zeitpunkt und hat eine gewisse Dauer.

Notwendig sind also Aussagen über *Anfang*, *Ende* und *Dauer* von Zeitabschnitten. Die zeitliche Lage einer Situation (die durch ein Intervall repräsentiert wird) kann auf verschiedene Weise unterschiedlich genau festgelegt werden. Die einfachste und wohl am häufigsten gebrauchte Möglichkeit ist, dem Beginn eines Zeitabschnittes einen unitären Anfangszeitpunkt zuzuordnen. Die zusätzliche Angabe des Endzeitpunktes legt gleichzeitig die Dauer des Zeitabschnittes fest: Anfang, Ende und Dauer eines Zeitabschnittes werden linear voneinander abhängig.

Alle drei Attribute stellen eine Überbestimmtheit dar. Da Zeitabschnitte oft nur unvollständig bestimmbar sind, ist diese Überbestimmtheit trotzdem sinnvoll. Beispielsweise ist die Länge eines Prozesses bekannt, nicht aber dessen Start und dessen Ende. Hat der Prozeß jedoch einmal begonnen, kann mit Hilfe der Länge sein Ende berechnet werden. Derart genaue Daten zur Festlegung eines Zeitabschnitts stehen aber nicht immer zur Verfügung. Oftmals ist etwa der Anfang bzw. das Ende eines Zeitabschnittes einer gewissen Schwankung unterworfen. Dann wird gewöhnlich statt eines einzigen, festen Wertes ein Intervall angenommen, innerhalb dessen Grenzen der Anfang bzw. das Ende des be-

---

10 Beispiel aus der Fertigung: Fällt ein Arbeitsplatz aus, so ist es offensichtlich, daß es "später" zu Störungen an Nachfolgearbeitsplätzen kommt. Nicht geklärt wird jedoch die Frage, ob vorher noch Zeit bleibt, andere Maschinen umzurüsten bzw. den Ausfall zu beheben und so die Auswirkungen teilweise zu vermeiden.

Kap. 7   Die Planungskomponente   139

treffenden Zeitabschnittes liegen darf. Durch die untere Grenze des Intervalles für den Anfangs-zeitpunkt und die obere Grenze des Intervalles für den Endzeitpunkt ist ein Rahmen für die Lage des Zeitabschnittes gegeben: es wird von seinem frühestmöglichen Anfang und seinem spätestmöglichen Ende gesprochen. Dieser Rahmen allein bietet schon eine gute Grundlage für die zeitliche Planung, wie Vere anhand des Systems DEVISER gezeigt hat [Vere 83][11].

Es ist jedoch festzustellen, daß Anfang und Ende nicht mehr linear voneinander abhängig sind, wenn Intervalle statt unitärer Zeitpunkte gewählt werden. Die Angabe einer Dauer kann also eine weitere Einschränkung für die Lage eines Zeitabschnittes bedeuten. Auch Vere beschränkt seine "*windows*" zusätzlich durch eine maximale Dauer. Rit schließlich wählt für alle drei Werte - Anfang, Ende und Dauer - ein Intervall und nennt dieses Konzept SOPO ("*set of possible occurrences*") [Rit 86]. Damit wird die Lage eines Zeitabschnittes durch sechs Attribute beschrieben:

- Frühester Anfang und Spätester Anfang
- Frühestes Ende und Spätestes Ende
- Minimale Dauer und Maximale Dauer

7.3.2 Modellierung mit SOPOs

Das im vorhergehenden Abschnitt vorgestellte Konzept SOPO beschreibt die Menge aller möglichen Extensionen eines Zeitabschnittes und stellt eine *allgemeingültige Repräsentation quantitativer Daten* dar. Aus diesem Grund wird es der quantitativen Repräsentation der Inferenzkomponente zugrunde gelegt.

Da Anfang, Ende und Dauer nicht mehr linear voneinander abhängig sind, ist die graphische Darstellung eines SOPO nicht möglich durch ein Intervall auf der Zeitachse. Gut dazu geeignet ist die von Rit vorgestellte zweidimensionale Repräsentation in einem Koordinatensystem. Die Bilder 7.9-7.11 zeigen, wie die graphische Repräsentation des SO-

---

11 Derartige Rahmen werden dort "*window*" genannt und bestehen aus Tripeln, z.B. (earliest.start ideal.start latest.start).

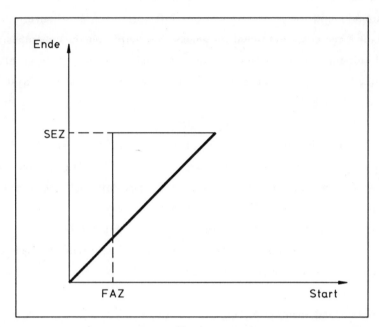

Bild 7.9: Frühester Anfangszeitpunkt (FAZ) und Spätester Endzeitpunkt (SEZ) eines Zeitintervalls

PO eines Intervalles zustande kommt. Man markiert auf der X-Achse eines Koordinatensystems den frühesten Anfangszeitpunkt (FAZ) eines Zeitabschnitts und auf der Y-Achse sein spätestes Ende (SEZ). Da es sich bei zeitlichen Werten gewöhnlich nicht um absolute, sondern um Daten relativ zu einem bestimmten Zeitpunkt handelt, kann dieser auf den Nullpunkt des Koordinatensystems gelegt werden. Damit ist der Nullpunkt der Beginn des betrachteten Zeitraumes. Berücksichtigt man ferner die Tatsache, daß Zeitabschnitte stets eine positive Länge haben, so wird die Menge aller erlaubten Extensionen von Intervallen repräsentiert durch die Teilebene oberhalb der Winkelhalbierenden im oberen, rechten Quadranten des Koordinatensystems.

In Bild 7.10 wird nun zusätzlich der späteste Anfangszeitpunkt (SAZ) und das früheste Ende (FEZ) eingezeichnet. Die entstehende Teilebene enthält alle Extensionen von Intervallen, die zwischen SAZ und FAZ anfangen und zwischen FEZ und SEZ enden. Die minimale und maximale Dauer eines solchen Intervalles wird durch zwei Geraden eingetragen, die parallel zu der Winkelhalbierenden zwischen X- und Y-Achse verlaufen (Bild 7.11). Der Wert ihres Schnittpunktes mit der Y-Achse ist die jeweilige Dauer.

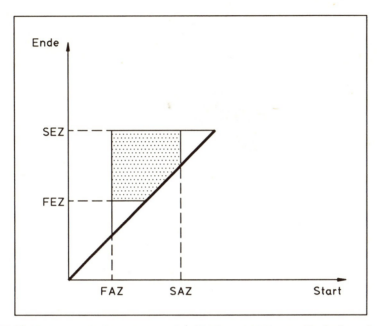

Bild 7.10: Spätester Anfangszeitpunkt (SAZ) und Frühester Endzeitpunkt (FEZ) eines Zeitintervalls

Das SOPO manifestiert sich aus der Subtraktion von drei Teilebenen, die diese quantitativen Randbedingungen erfüllen und kann stets als eine zusammenhängende Fläche (in Bild 7.11 schwarz dargestellt) werden. Jeder Punkt aus der schwarzen sechseckigen Fläche in Bild 7.11 repräsentiert eine mögliche Extension eines durch frühest- und spätestmöglichen Anfangs- und Endzeitpunkt sowie durch minimale und maximale Dauer beschränkten Intervalles. Gleichzeitig wird damit auf natürliche Weise der Unsicherheitsgrad eines Zeitpunktes repräsentiert.

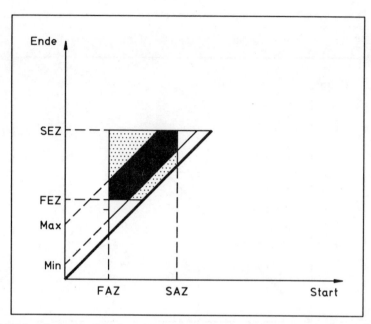

Bild 7.11: Minimale (Min) und Maximale Dauer (Max) eines Zeitintervalls

Der einfache Spezialfall des punktförmigen SOPO(I) eines Intervalls I (entsprechend einem Intervall, das (ohne Unsicherheit) einem eindeutig festgelegten Zeitabschnitt mit FAZ=SAZ und FEZ=SEZ entspricht) soll zuerst betrachtet werden. Sei MI die Menge aller erlaubten Extensionen von Intervallen (Fläche oberhalb der Winkelhalbierenden). Ausgehend von I läßt sich MI vollständig zerlegen in 13 disjunkte und kompakte Gebiete Geb(I,p), wobei p jeweils eine der 13 primitiven Relationen ist. Bild 7.12 zeigt diese Unterteilung, wobei die Kurzbezeichnungen aus Bild 7.3 verwendet werden.

Für alle (ebenfalls eindeutig festgelegten) Intervalle I' gilt:

$$I\ (p)\ I' \iff I' \in Geb(I,p).$$

Falls nun I' ein Intervall mit einem beliebig geformten (also nicht mehr unbedingt eindeutigen) SOPO ist, gilt entsprechend:

$$I\ (p)\ I' \iff SOPO(I') \in Geb(I,p).$$

Damit lassen sich aus der graphischen Repräsentation der quantitativen Daten beider Intervalle eindeutig die möglichen qualitativen Relationen zwischen ihnen ablesen. Umgekehrt lassen sich anhand der qualitativen Relation zwischen den Intervallen auch deren SOPOs einschränken.

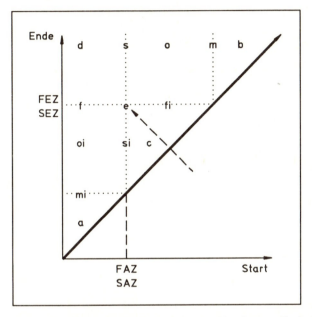

Bild 7.12: Zerlegung der Menge der Extensionen aller Intervalle in Teilebenen

Etwas komplizierter wird es, wenn auch I ein beliebig geformtes SOPO besitzt. Dann ist es sinnvoll, unter Geb(I,p) die Vereinigung der Gebiete aller möglichen Extensionen von I zu verstehen. Diese Geb(I,p) sind zwar weiterhin kompakt, da ja auch das SOPO eines jeden Intervalles kompakt ist, und sie überdecken MI auch vollständig. Sie sind aber nicht mehr disjunkt. Damit gilt nur noch:

I (p) I' => SOPO(I') ⊆ Geb(I,p).

Mit Hilfe von Bild 7.12 läßt sich für das SOPO eines Intervalls I und für eine primitive Relation p der Bereich konstruieren, in dem alle Extensionen von Intervallen liegen müssen, die in der Relation p zu SOPO(I) stehen. Bild 7.13 zeigt das Gebiet before und Bild 7.14 das Gebiet meets zu dem eingezeichneten SOPO. Die Bedingungen für die übrigen

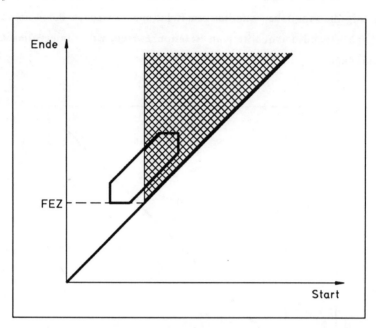

Bild 7.13: Beispiel für das Gebiet before zu einem SOPO

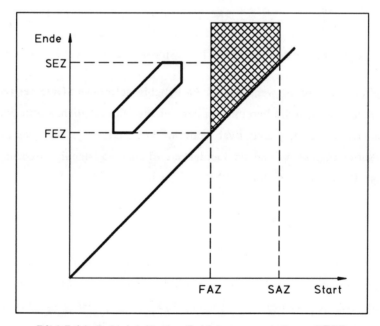

Bild 7.14: Beispiel für das Gebiet meets zu einem SOPO

primitiven Relationen, unter denen SOPO(I') ⊆ G(I,p) erfüllt ist, können mit Hilfe dieser 2-dimensionalen Darstellungsweise bestimmt werden.

Wichtig ist, daß mit einem derart definierten Gebietsbegriff lediglich Aussagen über Mengen von Extensionen von Intervallen gemacht werden können, nicht aber unbedingt über die Extensionen selber. Ein Gebiet Geb(I,p) läßt sich aufteilen in ein *sicheres* Gebiet GebS(I,p) und ein *unsicheres* Gebiet GebU(I,p). Das sichere Gebiet ergibt sich aus dem Durchschnitt der entsprechenden Gebiete aller möglichen Extensionen von I. Für GebU(I,p) ergibt sich dann:

GebU(I,p) = Geb(I,p) - GebS(I,p).

Liegt das SOPO eines Intervalles I' gänzlich innerhalb des sicheren Gebietes eines anderen Intervalles I, so können Aussagen über alle Paare möglicher Extensionen von I und I' getroffen werden:

SOPO(I') ⊆ GebS(I,p) <=> ∀ Ext(SOPO(I)), Ext(SOPO(I')), p ∈ R:
Ext(SOPO(I)) R Ext(SOPO(I')).

Berührt dagegen das SOPO eines Intervalles I' auch das unsichere Gebiet eines anderen Intervalles I, so ist nur eine schwächere Aussage möglich:

SOPO(I') ∩ GebU(I,p) nicht leer => ∃ Ext(SOPO(I)), Ext(SOPO(I')), p ∈ R:
Ext(SOPO(I)) R Ext(SOPO(I')).

Abhängig von den jeweiligen SOPOs der Intervalle braucht nicht immer ein sicheres, nichtleeres Gebiet zu existieren.

Die SOPOs der Intervalle können mit Hilfe eines an das Problem angepaßten Waltz-Algorithmus durch das temporale Netz propagiert und verkleinert werden. Zur Anwendung sind mehrere Dinge zu beachten: Wegen der monotonen Logik dürfen die Werte für frühesten Anfang, frühestes Ende und minimale Dauer nur vergrößert, die für spätesten Anfang, spätestes Ende und maximale Dauer nur verkleinert werden. Hierdurch ist stets eindeutig festgelegt, welcher der beiden miteinander verglichenen Werte geändert werden muß und in welcher Richtung.

Sollen die Attribute eines SOPO verändert werden, so dürfen sie nur um den kleinsten Betrag erhöht bzw. verringert werden, durch den der betreffende Teil einer Bedingung gerade noch erfüllt wird. Wird auf Basis der reellen Zahlen gerechnet, ist kein solcher kleinster Betrag angebbar. Hierfür bietet sich eine pragmatische Lösung an. Da die Zeit nicht beliebig genau gemessen werden kann, ist es sinnvoll, eine kleinste definierte Zeiteinheit als *Basiszeiteinheit* anzunehmen. Alle Intervalle von Interesse besitzen mindestens die Dauer dieser Zeiteinheit und es wird immer auf ganzzahligen Vielfachen dieser Einheit gerechnet. Seine Größe ist frei wählbar und wird in der vorliegenden technischen Anwendung auf eine Sekunde festgelegt[12].

Werden auch Intervalle der Dauer Null zugelassen, so verschwinden auf quantitativer (nicht auf qualitativer) Ebene die Unterschiede zwischen einigen der primitiven Relationen[13]. Die Entscheidung, wie zu verfahren ist, sollte in Abhängigkeit von dem Zweck der Modellierung von Fall zu Fall getroffen werden. Verwendet man eine solche Basiseinheit, spricht man von einem diskreten Modell, ansonsten von einem dichten Modell[14].

In der Praxis wird es allerdings oftmals nicht möglich sein, für alle Attribute eines SOPO konkrete Werte einzusetzen. Zum Teil sind sie zu Beginn der Planung nicht abschätzbar, zum Teil kann es aber auch Intervalle geben, die zeitlich unbegrenzten Situationen zugeordnet sind. In solchen Fällen kann ein symbolischer Wert UNSPECIFIED benutzt werden. Steht UNSPECIFIED für den spätesten Anfang, das späteste Ende oder die maximale Dauer, wird er wie ein sehr großer, ansonsten wie ein sehr kleiner Wert behandelt. Durch Propagierung von SOPOs anderer Intervalle werden diese symbolischen Werte mit der Zeit zum größten Teil durch Zahlen ersetzt.

Ein bisher nicht erwähntes Problem im Zusammenhang mit der Einschränkung von SOPOs aufgrund der zwischen den Intervallen bestehenden Relation ergibt sich durch uneindeutige Relationen. Bei Rit wird über alle Relationen propagiert, unabhängig davon, ob sie eindeutig sind oder nicht. Der Preis dafür ist der mögliche Verlust der Kompaktheit eines SOPO, und durch seine Propagierung kommt es zu zunehmender Zersplitterung auch anderer SOPOs. Derart inkompakte SOPOs können nicht mehr allein durch Angabe von

---

12 Bei einer betriebswirtschaftlichen Anwendung mag die Basiszeiteinheit bei einer Stunde oder sogar Tagen oder Wochen liegen.
13 Betroffen sind z.B. die Unterschiede zwischen before und meets oder zwischen during, starts and finishes.
14 Die Behandlung eines dichten Modells als ein diskretes Modell wird in [Collinot, LePape 87] angesprochen.

frühestem und spätestem Anfangs- bzw. Endzeitpunkt, minimale und maximale Dauer beschrieben werden. Sie müssen als eine Menge dargestellt werden. Darüber hinaus muß für jedes "Bruchstück" eines SOPO festgehalten werden, welche Zeitprimitive einer Relation zu seiner Entstehung führte und zwischen welchen Intervallen die Relation besteht, denn andernfalls können Inkonsistenzen zwischen quantitativer und qualitativer Ebene unentdeckt bleiben.

Da konkrete Zeiten dazu dienen sollen, die quantitativen Aspekte eines Planes festzulegen und dessen quantitative Inkonsistenzen aufzudecken, wird im vorliegenden Ansatz auf die Propagierung von SOPOs solange verzichtet, bis alle Relationen eindeutig gemacht worden sind. Mit anderen Worten: SOPOs werden nur innerhalb von qualitativen Plänen (Abschnitt 7.2.5) propagiert.

7.3.3 Konsistenz

Dieser Abschnitt behandelt die Konsistenz eines temporalen Netzwerks auf quantitativer Ebene (die Bedeutung qualitativer Konsistenz (bzw. 3-Konsistenz) wurde bereits in Abschnitt 7.2.3 beschrieben). Ein qualitativ konsistenter Plan kann an quantitativen Inkonsistenzen scheitern. Während qualitative Inkonsistenz nur zwischen drei oder mehr Intervallen auftreten kann, ist es möglich, daß bereits das SOPO eines einzelnen Intervalles inkonsistent ist. Das ist dann der Fall, wenn das SOPO keine Extension für sein Intervall mehr zuläßt, d.h. leer ist.

Das SOPO eines Intervalles I ist genau dann leer, wenn, bildhaft gesprochen, der Durchschnitt folgender Flächen leer ist:

- rechts der Geraden durch den frühesten Anfang (FAZ)
- links der Geraden durch den spätesten Anfang (SAZ)
- oberhalb der Geraden durch das früheste Ende (FEZ)
- unterhalb der Geraden durch das späteste Ende (SEZ)
- oberhalb der Gerade durch die minimale Dauer (MAX)
- unterhalb der Gerade durch die maximale Dauer (MIN)

Damit läßt sich die folgende notwendige und hinreichende Bedingung für quantitative Konsistenz eines SOPO formulieren:

konsistent (SOPO(I)) <=>
    frühester Anfang(I)   ≤ spätester Anfang(I)
    frühestes Ende(I)   ≤ spätestes Ende(I)
    minimale Dauer(I)   ≤ maximale Dauer(I)
    minimale Dauer(I)   ≤ spätestes Ende(I) - frühester Anfang(I)
    maximale Dauer(I)   ≥ frühestes Ende(I) - spätester Anfang(I)

Jedesmal wenn durch einen Propagierungsschritt einzelne Attribute eines SOPO geändert werden, müssen die anderen Attribute desselben SOPO diesen angepaßt werden, also gewissermaßen innerhalb des SOPO propagiert werden, um die Konsistenz des SOPO aufrechtzuerhalten. Im einzelnen sind dies für jeweils das SOPO desselben Intervalles I:

1. frühester Anfang ≥ frühestes Ende - maximale Dauer

   Kein Intervall kann vor dem Zeitpunkt beginnen, der um genau der für das Intervall zugelassenen längsten Dauer vor dem frühestmöglichen Endzeitpunkt liegt.

2. spätester Anfang ≤ spätestes Ende - minimale Dauer

   Jedes Intervall muß spätestens zu dem Zeitpunkt begonnen haben, der um genau der für das Intervall zugelassenen kürzesten Dauer vor dem spätestmöglichen Endzeitpunkt liegt.

3. frühestes Ende ≥ frühester Anfang + minimale Dauer

   Kein Intervall kann beendet sein, bevor nicht seit dem Zeitpunkt seines frühestmöglichen Anfangs die für seine Dauer mindestens erforderliche Zeit verstrichen ist.

4. spätestes Ende ≤ spätester Anfang + maximale Dauer

   Jedes Intervall muß beendet sein, wenn seit dem Zeitpunkt seines spätestmöglichen Anfangs die für dessen Dauer höchstens zulässige Zeit verstrichen ist.

5. minimale Dauer ≥ frühestes Ende - spätester Anfang

   Kein Intervall kann kürzer dauern, als die Zeit, die zwischen dem als spätestmöglichen Anfang und dem als frühestmöglichem Ende zugelassenen Zeitpunkt verstreicht.

6. maximale Dauer ≤ spätestes Ende - frühester Anfang

   Kein Intervall darf länger dauern, als die Zeit, die zwischen dem als frühestmöglichem Anfang und dem als spätestmöglichem Ende zugelassenen Zeitpunkt verstreicht.

Neben diesen Bedingungen müssen auch die Konsistenzbedingungen zwischen den SOPOs erfüllt sein.

7.3.4 Komplexität

Die Kosten für das Einschränken der quantitativen Lage von Zeitabschnitten ergeben sich aus dem Produkt von:

1. Anzahl der SOPOs: Sie ergibt sich direkt aus den im Netz vorhandenen Intervallen n.

2. Anzahl der für ein SOPO notwendigen Rechenschritte zu dessen Beschränkung gegenüber einem anderen SOPO. Wie ein Beispiel aus Rit zeigt, ist diese Anzahl nur schwer vorherzusagen: Es kann (abhängig von der jeweiligen Form und Lage der betreffenden SOPOs) zu einer wechselseitigen Propagierung zwischen SOPOs kommen [Rit 86]. Da über einer diskreten Zahlenachse gerechnet wird, ist die Anzahl der höchstens möglichen Propagierungsschritte jedoch auf die Anzahl der Extensionen, die ein SOPO zuläßt, beschränkt. Im Falle von unbeschränkt großen SOPOs wird durch die Sonderrolle, die dem Symbol UNSPECIFIED zukommt, eine unendliche Anzahl sich gegenseitig bedingender Verkleinerungsschritte vermieden. Dieser Posten ist unabhängig von der Größe des Netzes.

3. Anzahl der Relationen, die von einem Intervall ausgehen: Im (ungünstigsten) Fall des vollständig verknüpften Netzes sind dies n-1 Relationen, wenn jedes Intervall mit jedem anderen durch eine Relation verbunden ist. Im Falle des ausgewogenen, baumähnlichen Netzes sind es lediglich die Relationen zwischen den Intervallen der eigenen Gruppe.

4. Kosten für eine Konsistenzüberprüfung zwischen den SOPOs zweier Intervalle: Da die SOPOs durch sechs Attribute beschrieben werden, bestehen die Kosten lediglich in deren Änderung. Sie sind somit in jedem Falle konstant.

Für die Gesamtkomplexität zum Einschränken der zeitlichen Lage aller Intervalle eines temporalen Netzes ist also $O(n)$ bis $O(n^2)$ zu erwarten, je nachdem wie vollständig das Netz verknüpft ist.

7.4 Implementation

7.4.1 Integration von qualitativer und quantitativer Repräsentation

Bei der Repräsentation von temporalen Beziehungen wurde zwischen der qualitativen (symbolischen) Repräsentation und quantitativen (numerischen) Repräsentation unterschieden[15]. Eine symbolische Repräsentation drückt die zeitlichen Beziehungen zwischen Zeitabschnitten aus (z.B. X before Y) und wurde anhand der Zeitlogik, die in Abschnitt 7.2 vorgestellt wurde, verdeutlicht. Eine numerische Repräsentation beschreibt, wie die Zeitabschnitte numerisch zueinander stehen (z.B. Ende(x) = Anfang(y) + 5). Sie wurde durch SOPOs, die in Abschnitt 7.3 vorgestellt wurden, verdeutlicht. Die Inferenzkomponente TIC integriert die symbolische und numerische Repräsentation und verwendet sie zur *gegenseitigen Verfeinerung*, d.h. numerische Beziehungen werden zur Verfeinerung der symbolischen Beziehungen und symbolische Beziehungen zur Verfeinerung der numerischen Beziehungen verwendet.

Ein einfaches Beispiel soll zeigen, wie quantitative Daten dazu beitragen, uneindeutige qualitative Relationen, die sich z.B. aus der transitiven Hülle eines Pfades ergeben können, eindeutiger zu machen. A und B seien Zeitintervalle in der Relation A (before meets) B. Ist bekannt, daß A spätestens um 5 Uhr endet und B frühestens um 6 Uhr beginnt, kann die Relation auf A (before) B eingeschränkt (verschärft) werden. Umgekehrt ist es aber auch möglich, die SOPOs der Intervalle zu verschärfen, wenn die qualitativen Relationen dazu verwendet werden. A und B seien wieder zwei Zeitintervalle, wobei bekannt ist, daß A frühestens um 4 Uhr und spätestens um 6 Uhr endet, und B frühestens um 5 Uhr beginnt. Stehen A und B in der Relation A (meets) B, so kann das früheste Ende von A von 4 Uhr auf 5 Uhr verschoben werden.

Um alle quantitativen Einschränkungsmöglichkeiten aufgrund möglicher quantitativer Inkonsistenzen zu entdecken, müssen die SOPOs aller Intervalle miteinander verglichen werden. Der Zeitbedarf für derartige Vergleiche wächst aber sehr rasch an und die Formalisierung der benötigten Beschränkungsbedingungen ist zunehmend komplexer. Deshalb wird es notwendig zu fragen, wieweit die SOPOs ausgenutzt werden sollen, um qualitative Relationen zu reduzieren.

---

15 In der Maschinenbelegungsplanung, wie sie in Kapitel 2 eingeführt wurde, entspricht ein Plan der symbolischen Repräsentation und ein Schedule der numerischen Repräsentation.

Folgender Kompromiß wurde gefunden. Aus pragmatischer Sicht ist die *Dauer* von Intervallen eine *abstraktere Größe* als deren Beginn oder Ende, insbesondere ist sie unabhängig davon, wann die Zeitabschnitte beginnen und in welcher Reihenfolge sie ablaufen. Dadurch erhält sie für die Planung eine besondere Bedeutung und sollte entsprechend berücksichtigt werden. Aus dieser Überlegung heraus werden von der Inferenzkomponente immer dann, wenn die transitive Hülle über einen Pfad der Länge 3 berechnet wird, die Werte für minimale und maximale Dauer der drei beteiligten Intervalle miteinander verglichen. In diesem Fall kann die Transitivität nicht mehr anhand der von Allen aufgestellten Tabelle berechnet werden: sie wird deshalb ersetzt durch eine objektorientierte Transitivitätstabelle mit 144 Funktionen, die zur Berechnung der transitiven Hülle zweier Relationen unter Berücksichtigung der minimalen und maximalen Dauer der beteiligten Intervalle dienen.

Die anderen Attribute der SOPOs werden nur zum Vergleich je zweier Intervalle miteinander verwendet und das auch nur an einer exponierten Stelle des Verfahrens: nach dem Aufbau des temporalen Netzes (unter Berücksichtigung der Dauern je dreier Intervalle) und noch bevor eindeutige Pläne generiert werden. Das hierfür notwendige Wissen wird deklarativ (als Transitivitätstabelle) bereitgehalten. Dieses Vorgehen bietet den Vorteil, daß alle noch offenen Freiheitsgrade mitgeführt werden (solange wie möglich offenbleiben) und die quantitativen Planvariablen (SOPOs) erst so spät wie notwendig festgelegt werden. Dieser Planungsablauf ergibt sich eine fortwährende und stufenlose Verengung der Planungsfenster.

Wie in Abschnitt 7.1.3 beschrieben, werden Lösungen durch sukzessives Eindeutigmachen des temporalen Netzes berechnet. Führt während dieses Vorgangs die Festlegung einer Relation auf einen eindeutigen Wert zu einer Inkonsistenz, so muß dieser Schritt des Eindeutigmachens rückgängig gemacht werden. Dazu muß sowohl der alte Wert der zuletzt eindeutig gemachten Relation wiederhergestellt werden als auch die Werte all jener Relationen, die durch Propagierung dieser Festlegung eingeschränkt wurden. Das ist am einfachsten, wenn geeignete Zwischenergebnisse festgehalten werden, auf die bei Bedarf zurückgegriffen werden kann. Werden darüberhinaus mehrere Pläne gefunden, so soll zwischen ihnen verglichen werden können, ohne sie jeweils neu berechnen zu müssen.

Diesen Anforderungen wird durch ein *Versionenkonzept* Rechnung getragen. Jede Festlegung einer Relation auf eine primitive Relation und die durch deren Propagierung erzielten Einschränkungen stellen einen bestimmten Eindeutigkeitsgrad dar. Jeder Eindeutigkeitsgrad des Netzes wird nun im Versionenkonzept als ein Objekt angesehen, dessen Attribute gerade die Relationen des Netzes sind. Verschiedene Eindeutigkeitsgrade unterscheiden sich durch die Werte ihrer Relationen. Die innerhalb eines Eindeutigkeitsgrades gültigen Werte für die Relationen des Netzes werden als *Version* des Netzes zusammengefaßt und gemeinsam abgespeichert. Die einzelnen Versionen werden durch Vorgänger-Nachfolger Beziehungen verbunden und so brauchen in jeder Version nur die Relationen abgespeichert werden, die sich geändert haben. Die anderen Relationen werden von der Vorgängerversion ererbt. Damit erlaubt das Versionenkonzept das probeweise Einschränken des Netzes und im Falle von Inkonsistenzen das Zurückgehen zu jedem beliebigen Punkt des Lösungsraumes, ohne eine Neuberechnung durchführen zu müssen.

7.4.2 Die temporale Wissensbasis

Das Kernsystem der Inferenzkomponente des CIM Moduls verwaltet das temporale Netz (Wissensbasis), das aus dieser Sicht aus einer Menge konjunktiv verknüpfter, zeitlich qualifizierter Aussagen (TQA) besteht. Eine Änderung bzw. Hinzunahme einer Relation bedeutet eine Änderung bzw. Hinzunahme einer TQA.

Die Wissensbasis zerfällt in einen *domänenunabhängigen* und einen *domänenabhängigen* Teil. Der domänenunabhängige (statische) Teil enthält das für Schlußfolgerungen über der Zeit notwendige Wissen explizit in Form verschiedener Transitivitätstabellen. Der domänenabhängige Teil der Wissensbasis untergliedert sich in einen *statischen* und einen *dynamischen* Teil. Der statische Teil enthält Schemata, welche die Definitionen der domänenabhängigen Situationen (Zustände, Ereignisse und Prozesse, vgl. Abschnitt 7.2.1) repräsentieren. Zum Eintragen der Schemata wird dem Benutzer eine Definitionsfunktion mit sechs Parametern zur Verfügung gestellt, mit der er einmalig beschreibt, wie sich eine gewisse Situation in Untersituationen untergliedert bzw. welche Situationen sie zur Folge hat:

(define.situation
    1.<Situationsname>
    2.<Parameter>

3.<Untersituationen>
4.<Referenzrelationen>
5.<Gruppenrelationen>
6.<Zeitfenster>)

Diese Definitionsfunktion übersetzt den Definitionswunsch in interne Schemata, die rein deklarativ und objektorientiert abgelegt werden. Im Abschnitt 8.3 wird ihre Verwendung anhand eines Beispiels näher erläutert. Der dynamische Teil der domänenabhängigen Wissensbasis enthält die im Lauf der Berechnungen erzeugten Teillösungen (Versionen) des temporalen Netzes.

7.4.3 Steuerung der Suche mit Heuristiken

Sobald die Beschränkungen in eine rechnerinterne Repräsentation gebracht wurden, können sie auf zweierlei Arten verwendet werden. Zum einen kann durch ein beliebiges Rechenverfahren ein vorläufiger Maschinenbelegungsplan erzeugt und geprüft werden, ob sämtliche Beschränkungen eingehalten sind. Dieser Weg ist eine Art Erzeuge-und-Teste ("*generate-and-test*") Strategie und nur für einen kleinen Suchraum durchführbar. Der zweite und intelligentere Weg ist der, an jedem Entscheidungspunkt die mit den Beschränkungen noch möglichen Fortsetzungen zu bestimmen, d.h. die Beschränkungen direkt die weitere Planerzeugung steuern zu lassen ("*constraint-directed reasoning*"). Die Inferenzkomponente verwendet ausschließlich diesen zweiten Weg.

Zwei verschiedene Lösungsverfahren für die Inferenzkomponente wurden daraus entwickelt. Das erste Verfahren berechnet *alle Lösungen*, in dem es eine Breitensuche zum Durchlaufen und Eindeutigmachen des baumförmigen Netzes verwendet und die angetroffenen Relationen durch Propagierung der Reihe nach eindeutig macht. Die Breitensuche wird verwendet, um Inkonsistenzen auf höheren Referenzebenen (die einem höherem Abstraktionsniveau entsprechen) zuerst zu entdecken. Dies entspricht der von Stefik beschriebenen Auffassung von *hierarchischem Planen* [Stefik 81]. In diesem Fall ist die Inferenzkomponente ein rein deklaratives und beschränkungsgesteuertes Planungssystem. Der Benutzer muß die berechneten Lösungen (z.B. mittels der Simulation, Abschnitt 8.2.5) selbst bewerten und eine Lösung auswählen.

Dieses erste Verfahren ist vollkommen domänenunabhängig, aber vom Rechenaufwand her betrachtet teuer und für größere temporale Netze nicht mehr durchführbar. Aus diesem Grunde wurde das zweite Verfahren, das genau *eine Lösung* aus dem temporalen Netz berechnet, hinzugefügt. Dieses Verfahren macht sich die Eigenschaft des Beschränkungsformalismus zunutze, daß eine Ableitungsrichtung beim Eindeutigmachen per se (im Gegensatz zu Produktionsregeln: entweder Vorwärts- oder Rückwärtsverkettung) nicht fest vorgegeben ist. Die Reihenfolge des Eindeutigmachens kann folglich durch eindeutige, a priori Festlegungen/Vorschriften oder Heuristiken erfolgen. In diesem Fall wird die ursprünglich verwendete Breitensuche durch eine Suche ersetzt, die von diesen Vorschriften gesteuert wird.

Da diese eine Lösung gut bezüglich des Entscheidungsrahmens sein soll, sind diese Heuristiken teils domänenspezifisch und teils eine Funktion des Entscheidungsrahmens: *durch Austausch der Vorschriften verändert sich das Problemlösungsverhalten*, während der Abarbeitungsmechanismus allgemeingültig ist und unverändert bleibt. Wird nur eine einzelne Lösung berechnet, arbeitet die Inferenzkomponente mit einer Mischung von beschränkungsgesteuertem und heuristischem Suchverfahren. Die Schwierigkeit besteht dann aber nicht darin, die Beschränkungen einfach zu erfüllen, sondern im Lichte der Beschränkungen die beste Entscheidung zu treffen.

Beide Planungsverfahren, berechne eine einzelne Lösung und berechne alle Lösungen, stehen der Inferenzkomponente parallel zur Verfügung und werden durch Wahl einer Kontrollregel aktiviert[16]. Durch solche Kontrollregeln wird die Inferenzkomponente gleichzeitig ein hybrides Planungssystem.

Während des Eindeutigmachens hat jede Festlegung ("*commitment*") zugunsten der einen oder anderen Primitive globale Auswirkungen auf die später gefundene Lösung. Im allgemeinen ist es so, daß diese Festlegungen in Form einer Teilmenge direkt Bestandteil im letztendlich berechneten Plan sind. Große Bedeutung kommt folglich diesen lokalen Entscheidungen zu. In der Inferenzkomponente werden dazu die im Kapitel 8 beschriebenen domänenspezifischen Beschränkungen verwendet. Im folgenden werden der Vollständigkeit halber noch zwei generische Heuristiken zur Verkleinerung des Suchraums erläutert.

---

16 Kontrollregeln zur Steuerung der Propagierung werden auch in dem Propagator des Systems SONJA [Collinot, LePape 87] verwendet.

Sie werden im Planungsmodul nicht benutzt, da im Fabrikbereich ausreichend scharfe Beschränkungen vorhanden sind:

1. Die als nächste eindeutig zu machende Relation soll diejenige sein, die die meisten Einschränkungen (durch Propagierung) nach sich zieht.
2. Die als nächste zu propagierende primitive Relation einer Relation soll möglichst restriktiv sein. Nach Tsang ist die Reihenfolge der primitiven Relationen nach aufsteigender Restriktivität [Tsang 87]:
- before, after
- overlaps, overlapped-by during, contains
- meets, met-by
- starts, finishes, started-by, finished-by
- equals

Als weitere Möglichkeit zur Reduktion des Suchaufwands besteht die Verwendung von vorausschauenden Strategien [Nudel 83]. Algorithmen dafür finden sich in [Haralick, Elliot 80]. In [Dechter, Pearl 87] wird versucht, durch ein Umsortieren ein backtrackfreies Suchen zu erreichen. Dadurch kann das wiederholte Auffinden ein und derselben Inkonsistenz vermieden werden. Die Anwendung derartiger Strategien wird insbesondere durch die Referenzintervallstruktur der temporalen Netze unterstützt, denn Inkonsistenzen auf der Referenzebene unterhalb eines Intervalles sind nicht zu beseitigen, indem die qualitative Abfolge auf der Referenzebene des Intervalles geändert wird. Ist also eine "Lösung" für die Relation einer Gruppe (einschließlich des Referenzintervalles) als inkonsistent erkannt, wird sie auch inkonsistent bleiben, wenn diese Gruppe durch andere Relationen in das restliche baumähnliche Netz eingebunden ist.

8
Anwendung des CIM Moduls FLEX

8.1 Ablauf der Planung

Das in den drei letzten Kapiteln vorgestellte Planungsmodul FLEX kann durch zwei Ereignisse aktiviert werden:

- Freigabe von neuen Fertigungsaufträgen durch das übergeordnete PPS System (*Neuplanung*)
- Triggerung durch den Benutzer oder die Überwachungskomponente im Falle von Störungen im geplanten Fertigungsablauf (*Umplanung*)

Der Berechnung möglicher (durchführbarer) Reihenfolgen für die Fertigungsaufträge geht im Falle einer Umplanung die Entscheidung voraus, ob mit dem Entscheidungsziel "Halte Störungen klein" überhaupt eine Umplanung erforderlich ist. Diese Entscheidung (Bild 8.1) erfordert Informationen über den aktuellen Zustand der Fertigung (Auftragsfortschritt) und den mit FLEX verbundenen Fertigungsbereichen (Zustand Leiterplatten- und Laufwerksfertigung sowie Instandhaltung). Der aktuelle Fertigungszustand wird teils manuell vom Benutzer, teils automatisch von der Überwachungskomponente (Kapitel 6) bestimmt. Die automatische Bestimmung erfolgt - wie in Abschnitt 6.2 ausführlich beschrieben - durch zyklischen Vergleich und Diagnose der eingelesenen Prozeßdaten.

Der dem Planungsmodul bereitgestellte Entscheidungsrahmen beschreibt Produkttyp, Menge und spätesten Endtermin für jeden freigegebenen Fertigungsauftrag. Daraus wird ein dazu äquivalentes *Auftragsnetzwerk* (temporales Beschränkungsnetz) aufgebaut, das die möglichen Auftragsreihenfolgen beschreibt.

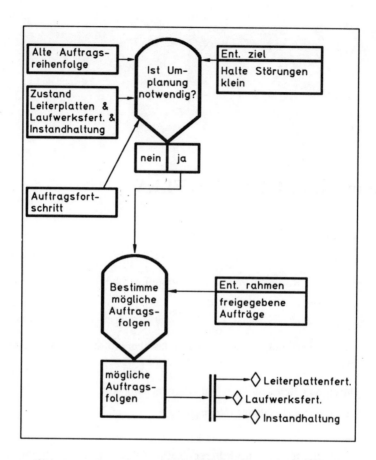

Bild 8.1: GRAI Netz: Bestimme mögliche Auftragsfolgen

Bild 8.2 zeigt ein Beispiel für ein solches temporales Netz mit sieben freigegebenen Fertigungsaufträgen. Es drückt aus, daß alle sieben Fertigungsaufträge während (during) des Planungshorizontes bearbeitet werden und daß die Produkte jedes Auftrages entweder vor (b=before) oder nach (a=after) jedem anderen Auftrag aufgelegt werden sollen[1] (Auflageplanung). Das gezeigte Auftragsnetzwerk bildet den Ausgangspunkt für die weiteren, im folgenden beschriebenen Beschränkungsschritte.

---

[1] Hier und in den folgenden Bildern werden zur besseren Übersichtlichkeit die Pfeile zwischen allen nicht benachbarten Netzknoten weggelassen. Natürlich sind alle Netzknoten einer Referenzebene - wie in Kapitel 7 beschrieben - mit allen anderen vollständig verknüpft.

Anwendung des CIM Moduls FLEX

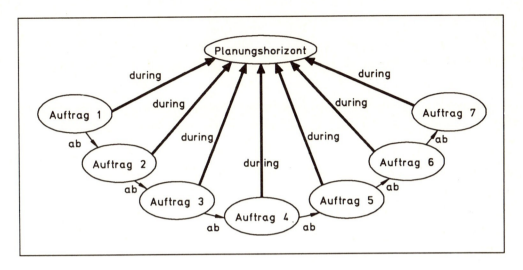

Bild 8.2: Temporales Netz: Auftragsnetzwerk ohne zusätzliche Beschränkungen

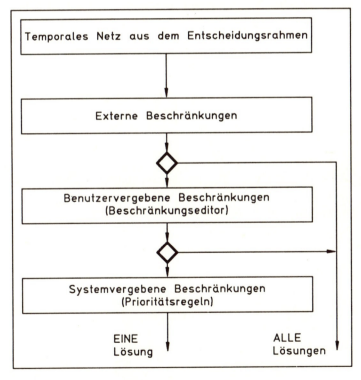

Bild 8.3: Die verschiedenen Beschränkungsschritte

Das Auftragsnetzwerk kann in drei Schritten weiter eingeschränkt werden (Bild 8.3). Der erste Beschränkungsschritt (*externe Beschränkungen*) ist Voraussetzung, daß überhaupt durchführbare Pläne berechnet werden können, während der zweite (*benutzervergebene Beschränkungen*) und dritte (*systemvergebene Beschränkungen*) Schritt zur genaueren Beschreibung einer Lösung dienen und im folgenden Abschnitt genau erläutert werden. Wie auch im Bild gezeigt wird, kann an den mit einer Raute gekennzeichneten Punkten die Wahl der Berechnung zwischen einer oder allen Lösungen getroffen werden.

Die Kommunikation und Synchronisation mit den anderen Fertigungsbereichen beginnt mit dem Aussenden der Anforderung R (im Bild 8.1 unten), geht über das Empfangen der Rückmeldungen (im Bild 8.5 oben) und endet mit dem Aussenden der endgültig gewählten Auftragsreihenfolge r (im Bild 8.5 unten). Zur Durchführung des ersten Beschränkungsschrittes wird das Auftragsnetzwerk als Anforderung R - wie in Abschnitt 3.4.3 beschrieben - an die mit FLEX verbundenen Fertigungsbereiche Leiterplatten- und Laufwerksfertigung sowie an die Instandhaltung weitergereicht (Bild 8.1 unten).

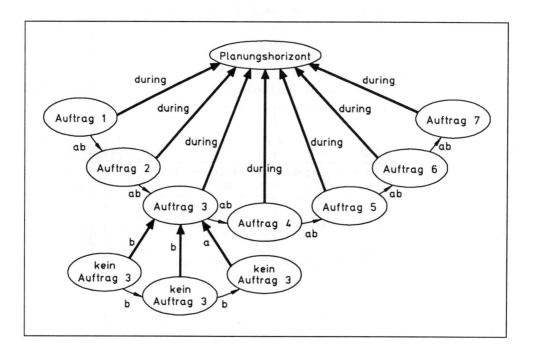

Bild 8.4: Temporales Netz mit Zusatzbeschränkungen für Auftrag 3

Kap. 8 Anwendung des CIM Moduls FLEX

Die Rückmeldungen der Instandhaltung umfassen die vorgesehenen Wartungsarbeiten an Maschinen mit ihrem Beginn und ihrer Dauer. Die Rückmeldungen von den just-in-time anliefernden Fertigungsbereichen Leiterplatten- und Laufwerksfertigung umfassen frühestmögliche Verfügbarkeitszeiten von Baugruppen, Komponenten und Kassettenlaufwerken. In summa bilden die Rückmeldungen weitere Beschränkungen für das temporale Netz und müssen entsprechend in das Auftragsnetzwerk eingebaut werden. Bild 8.4 verdeutlicht, wie beispielsweise drei Instandhaltungsbeschränkungen für den Auftrag 3 die Topologie des Auftragsnetzwerkes aus Bild 8.2 verändern. Demzufolge müssen zwei Instandhaltungsaktivitäten vor (b=before) der Bearbeitung des Auftrages 3 stattfinden, während die dritte Aktivität danach (a=after) abzulaufen hat[2].

Der Zustand des Netzes beschreibt nun intensional alle möglichen, sowohl gute als auch weniger gute Lösungen. Wie aber bereits in Abschnitt 7.2.5 erläutert wurde, kann daraus noch nicht eine zulässige Auftragsfolge abgelesen werden: es ist ein Planungslauf erforderlich, der unter den gegebenen Beschränkungen wahlweise alle oder genau eine Lösung berechnet.

Bild 8.5 zeigt die einzelnen Schritte des Planungslaufes für die Berechnung aller Auftragsreihenfolgen. Aus den Rückmeldungen der externen Bereiche (Bild 8.5 oben) werden mit Hilfe der angegebenen Entscheidungsregeln und unter Berücksichtigung des aktuellen Bearbeitungszustandes der Aufträge alle Auftragsfolgen berechnet. Gibt es keine Lösungen, wird dies der übergeordneten Entscheidungszelle (Shop Controller) zurückgemeldet, die zur Fortsetzung der Auflageplanung einen neuen Entscheidungsrahmen mit größerem Entscheidungsspielraum zur Verfügung stellen muß. Ansonsten werden die berechneten Auftragsreihenfolgen dem Benutzer zur Auswahl vorgelegt: mittels der Simulation als Teil der Bewertungsfunktion und den Entscheidungszielen "Minimiere Kosten" und "Maximiere Wahrscheinlichkeit der Endtermineinhaltung" kann er sie nacheinander bewerten und eine endgültige Auftragsfolge festlegen.

Das Ergebnis des Planungslaufes legt wie in dem System OPAL [Bensana 88] eine Auftragsreihenfolge für den Auflagepunkt der Montagelinie (Auflageplanung, keine Belegung einzelner Maschinen wie in der Werkstattfertigung) fest[3]. In der OR ist diese Problemstel-

---

2 Das Eintragen der benutzervergebenen und der systemvergebenen Beschränkungen läuft analog dazu ab (Abschnitt 8.2).

3 engl.: order-based planning statt resource-based planning

lung als Ein-Maschinenproblem bekannt, wobei das entwickelte Planungsmodul zusätzlich sämtliche Beschränkungen in der Verfügbarkeit der Teilmaschinen (= Rückgabewerte der Instandhaltung) berücksichtigt.

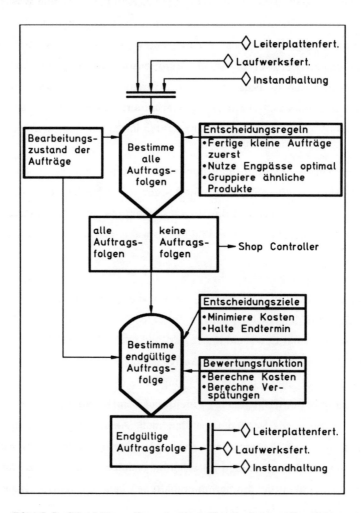

Bild 8.5: GRAI Netz: Berechnung aller Auftragsreihenfolgen

Die letztendlich gewählte Auftragsfolge wird den externen Bereichen zurückgemeldet (Bild 8.5 unten), so daß sie innerhalb ihres eigenen Entscheidungsrahmens entsprechend disponieren können. Außerdem wird sie natürlich, wie schon in Bild 4.5 gezeigt wird, an den Prozeßrechner weitergeleitet und der Fertigung zugrundegelegt.

8.2 Generierung von Plänen
8.2.1 Domänenspezifisches Wissen

Ein domänenunabhängiges Planungsverfahren wie das vorliegende "Propagiere Beschränkungen" ist *generisch* und *universell* verwendbar. Es kann eine Vielzahl von Planungsproblemen lösen, aber, intuitiv einsehbar, meist weniger laufzeiteffizient als ein dediziertes, domänenspezifisches Verfahren, das speziell zur Lösung eines Problemes programmiert wurde. Dies vermerken beispielsweise auch Kusiak und Chen, die, nachdem sie mehr als 20 wissensbasierte Schedulingsysteme untersucht haben, zu dem Ergebnis kommen, daß domänenspezifisches Wissen bei der Suche in Beschränkungsnetzen verwendet werden muß, um erträgliche Laufzeiten zu erzielen [Kusiak, Chen 88].

In den folgenden zwei Abschnitten wird erläutert, wie die Planungskomponente um die im Fertigungsbereich für das Problem der Maschinenbelegung existierenden Heuristiken erweitert wurde. Der wesentliche Vorteil einer diesbezüglichen Erweiterung ist darin zu sehen, daß bei Austausch der Heuristiken das *Lösungsverhalten problemspezifisch verändert* wird, während der allgemeingültige Abarbeitungsmechanismus unverändert bleiben kann. Das Planungsverfahren kann damit je nach Heuristiken vielfältig verwendet werden und seine Wiederverwendbarkeit bleibt hoch.

Bei der Formulierung der benötigten Heuristiken stellt man fest, daß nicht von vornherein klar ist, was bei der Berechnung einer Auftragsreihenfolge optimiert werden soll. In der Vergangenheit wurden meist einstellige Entscheidungsziele verfolgt, z.B. Durchlaufzeit, Auftragsverspätung oder Umrüstzeiten minimieren, oder Durchsatz und Ressourcenauslastung maximieren. Natürlich ist eine Minimierung der Durchlaufzeit notwendig, gleichwohl sind aber hoher Durchsatz oder kleine Bestände erstrebenswert. In diesem Fall wird das Entscheidungsziel mehrstellig. Die relative Wichtigkeit der einzelnen Zielparameter variert dabei von Unternehmen zu Unternehmen, und sie variiert nach King auch über der Zeit innerhalb eines Unternehmens [King 76].

Beispiele für zeitvariante Entscheidungsziele in Abhängigkeit der Auftragslage sind:

- Gesamtdurchlaufzeit minimieren, wenn die Auftragslage gut ist
- Auslastung der Ressourcen balancieren, wenn wenige Fertigungsaufträge vorhanden sind

Die optimale Lösung ist demnach schwierig zu definieren und ergibt sich meist erst nach einer Verfeinerung der globalen Unternehmensziele, wie z.B. "Umsatz steigern" oder "Lieferbereitschaft erhöhen". Durch Verfeinerung dieser globalen Unternehmensziele (*Zielableitung*) ergeben sich Teilziele für die einzelnen Unternehmensbereiche. Ein Hauptziel wird dabei in einzelne Teilziele verfeinert bis hinunter zu Elementarzielen. Ein Elementarziel ist ein Ziel, das unter Arbeitsteilungsgesichtspunkten nicht mehr weiter verfeinerbar ist. Die fortlaufenden Verfeinerungen führen zu einer Zielhierarchie.

Beispiel:
Aus dem Unternehmensziel "Lieferbereitschaft erhöhen" ergibt sich u.a. für die Logistik das Teilziel "Lieferzeiten verkürzen". Dieses Teilziel wiederum induziert u.a. das Teilziel "Durchlaufzeit senken" für die Fertigung. Die Fertigung verfeinert dieses Teilziel u.a. in das Teilziel "Betriebsmittel besser ausnutzen".

Da die Teilziele in der Fertigungsrealität selten harmonieren, häufig sogar widersprüchliche Forderungen enthalten, wie z.B. sichere Einhaltung der Endtermine bei geringen Kosten, ist die Entwicklung einer in sich schlüssigen Zielhierarchie und -gewichtung der Ausgangspunkt für die Formulierung der gesuchten Heuristiken.

Die elementaren Entscheidungsziele der in der Fallstudie untersuchten Montagelinie sind:

- Maximiere Durchsatz bei Minimierung der variablen (auftragsreihenfolgen- und losgrößenabhängigen) Kosten
- Maximiere Sicherheit der Termineinhaltung

In dem Planungsmodul erfolgt die Repräsentation dieser domänenspezifischen Heuristiken durch *Vergabe von Prioritäten* auf die entsprechenden Kanten des Auftragsnetzwerkes, ähnlich wie Descotte und Latombe Prioritäten auf ihre Produktionsregeln vergeben [Descotte, Latombe 85]. Eine hohe Priorität soll zum Ausdruck bringen, daß einer bestimmten Beschränkung eine höhere Bedeutung als den anderen Beschränkungen zugewiesen wird. Aus Sicht des Beschränkungsformalismus bilden diese Prioritäten *Metabeschränkungen*, denn Prioritäten schränken die im Beschränkungsformalismus an sich frei wählbare Bearbeitungsreihenfolge der Kanten des Auftragsnetzwerkes ein.

8.2.2 Benutzervergebene Beschränkungen

Der Benutzer kann eigene, von ihm selbst für notwendig gehaltene Randbedingungen (Wünsche) mit einem mausgesteuerten Beschränkungseditors spezifizieren. Er kann sie jeweils mit einer wie oben beschriebenen Priorität besetzen und damit festlegen, welche Bedeutung er ihr beimißt. Nach Abschluß der Spezifikation einer solchen benutzervergebenen Beschränkung wird automatisch das rechnerinterne Äquivalent erzeugt und in der domänenspezifischen Beschränkungs-Wissensbasis abgelegt.

Die Möglichkeit der Beschränkungsspezifikation über einen Beschränkungseditor erlaubt dem Benutzer, manuelle Vorgaben in Form von *Teilreihenfolgen der Fertigungsaufträge* (Teilpläne) festzulegen[4]. Eine Teilreihenfolge ist eine gewünschte Reihenfolge für einen Teil der Fertigungsaufträge und kann z.B. rüstkostengünstig sein. Im späteren Planungslauf bilden diese Teilreihenfolgen Fixpunkte (*Planinseln*) in einem im übrigen noch durch zahlreiche, zeitliche Freiheitsgrade gekennzeichneten Planungsraum und sorgen für eine wesentliche Komplexitätsreduktion. Die Planinseln werden durch den temporale Inferenzmechanismus zu einer interaktionsfreien Gesamtreihenfolge zusammengesetzt.

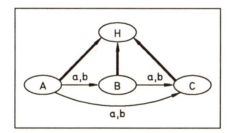

Bild 8.6: Auftragsnetzwerk mit vollständig verknüpften Intervallen

Die Bilder 8.6 bis 8.8 zeigen nochmals, welche Darstellungsmöglichkeiten der Benutzer hat, für zwei Intervalle A und B und beliebige andere Intervalle, die mit C dargestellt sind, die Teilreihenfolge A-B oder B-A zu modellieren. Bild 8.6 zeigt ein Standard temporales Netz mit drei vollständig verknüpften Intervallen A, B und C, so wie es Allen und Koomen benutzen [Allen, Koomen 83]. Die gewünschten Teilreihenfolgen sind zwar intensional darin enthalten, jedoch kann der Wunsch nach ihrer Erhaltung damit *nicht* mo-

---

[4] Die Modellierung von Teilplänen gehört zu den aktuellen Forschungsanstrengungen und wird beispielsweise auch in dem jüngst vorgestellten Planungssystem SIPE explizit angeboten [Wilkins 88].

delliert werden, wie z.B. auch in [Shoham, McDermott 88] vermerkt wird, denn das gegebene Netz beschreibt gleichzeitig alle (= 3! = 6) möglichen Anordnungen der Intervalle.

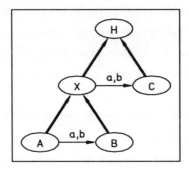

Bild 8.7: Auftragsnetzwerk mit Referenzintervallstruktur

Als zweite Darstellungsmöglichkeit können die in Abschnitt 7.2.2 entwickelten *Referenzintervalle* verwendet werden (Bild 8.7). Durch die andere Modellierung wird der Lösungsraum *imperativ* eingeschränkt und Pläne, die nicht die gewünschte Teilreihenfolge A-B bzw. B-A enthalten, sind von vornherein ausgeschlossen. Im Beispiel sind die Reihenfolgen A-C-B und B-C-A nicht mehr möglich und dies ist auch exakt das angestrebte Modellierungsziel.

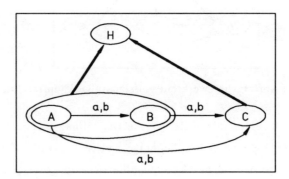

Bild 8.8: Auftragsnetzwerk mit Priorität

Die dritte Möglichkeit mit den in den früheren Abschnitten entwickelten benutzer- und systemvergebenen Prioritäten ist die, daß auf die Relation von A nach B eine hohe Priorität gelegt wird (Bild 8.8). Durch diese Modellierung wird der Lösungsraum *admissiv* eingeschränkt. Die hohe Priorität wirkt in diesem Fall wie eine *Kapselung* der Intervalle A und B gegenüber allen anderen Intervallen und wird im Bild durch einen Kreis um A und B angedeutet. Erst wenn die Teilreihenfolge A-B bzw. B-A aufgrund der anderen Beschränkungen nicht möglich sein sollte, werden auch die verbleibenden noch möglichen und ungünstigeren, anfänglich nicht berücksichtigten Reihenfolgen in das Berechnungsverfahren miteinbezogen ("*graceful retreat*").

8.2.3 Systemvergebene Beschränkungen

Die systemvergebenen Beschränkungen werden aus allgemeinen Fertigungsheuristiken abgeleitet und bilden weitere admissive Beschränkungen für den Planungslauf, wenn die Berechnung von genau einer Auftragsreihenfolge gewünscht wird (vgl. Bild 8.3). Eine mögliche und bekannte Heuristik ist die folgende:

Teile die Fertigungsaufträge in Gruppen ein, plane zuerst die Gruppen, und plane dann die Fertigungsaufträge innerhalb jeder Gruppe.

Kriterien zur Einteilung der Fertigungsaufträge in Gruppen liefern dabei Ähnlichkeitsuntersuchungen innerhalb einer Produktfamilie (z.B. Gruppentechnologie) oder auch einfach Rüstkostenüberlegungen wie in dem Planungssystem von [Cunningham, Browne 86]. Zu den weiteren bekannten Heuristiken zählen im Fertigungsbereich die Prioritätsregeln, die im Fertigungslauf auftretende Konkurrenzsituationen, z.B. Warteschlangen vor einem Arbeitsplatz, lösen. Die Prioritätsregeln sind jedoch nur auf die Lösung des Reihenfolgeproblems ausgerichtet und betonen typischerweise auch nur eine Facette der Zielgrößen, nämlich die Einhaltung des Endtermins[5]. Derartige Regeln werden auch von dem vorliegenden Planungsmodul verwendet. Da die Prioritätsregeln aber nur als ein zusätzliches Auswahlkriterium zur weiteren Eingrenzung eines meist schon stark beschränkten temporalen Netzes (vgl. Bild 8.4) verwendet werden, ist ihr Einsatz gerechtfertigt.

---

5 Siehe z.B. Untersuchungen von Wiendahl und Lüsshop, um den Einfluß der Prioritätsregeln auf die Streuung der mittleren gewichteten Durchlaufzeit festzustellen [Wiendahl, Lüsshop 89].

Panwalkar und Iskander geben in ihrem Überblick über die Regeln zur Maschinenbelegung eine Zusammenfassung von 113 solcher Regeln und klassifizieren sie in die folgenden drei Klassen:

- Einfache Prioritätsregeln, Kombination von einfachen Prioritätsregeln oder gewichtete Kombination von einfachen Prioritätsregeln
- Heuristische Maschinenbelegungsregeln
- Sonstige Regeln

In dieser Arbeit werden drei bekannte Regeln aus der Klasse 1 von Panwalkar und Iskander herausgegriffen und exemplarisch als systemvergebbare Heuristiken definiert [Panwalkar, Iskander 77]. Die gewählten Heuristiken sind:

1. FIFO ("*First in First out*")
Die Fertigungsaufträge werden in der Reihenfolge ihres Eintreffens erledigt.
2. Nahester Endtermin (EDD "*earliest due date*"):
Die Fertigungsaufträge werden mit zunehmendem Ablieferungstermin erledigt.
3. Kürzeste Fertigungszeit (SPT "*shortest processing time*"):
Die Fertigungsaufträge werden mit zunehmenden Bearbeitungszeiten erledigt.

Die Prioritätsregeln können entweder einzeln oder kombiniert (z.B. FIFO und EDD gleichzeitig) als systemvergebbare Heuristiken angewendet werden. Im letzteren Fall muß noch eine Gewichtung der einzelnen Regeln angegeben werden. Wenn eine einzelne Prioritätsregel verwendet wird, ergibt sich aus ihr direkt eine Auftragsreihenfolge und damit eine Prioritätenfolge (ähnlich wie in Bild 8.8) auf den Kanten des Auftragsnetzwerkes. Wenn zwei Prioritätsregeln kombiniert verwendet werden, wird rechnerintern für jede Prioritätsregel eine Prioritätenfolge erstellt, welche die Reihenfolge der Fertigungsaufträge bezogen auf die jeweilige Prioritätsregel repräsentiert. Die Fertigungsaufträge werden dann nach der *Summe der gewichteten Positionen* in den beiden Folgen in einer neuen Folge sortiert, welche die für die Priorisierung aus beiden Prioritätsregeln gültige Reihenfolge beschreibt. Nach dieser Reihenfolge werden anschließend automatisch die Zeitintervalle, in denen die Fertigungsaufträge bearbeitet werden sollen, mit Prioritäten ähnlich wie in Bild 8.8 versehen.

Als weitere Heuristik erhalten die Fertigungsaufträge, die zeitlich am meisten eingeschränkt sind, automatisch eine hohe Priorität im Netzwerk ("*bottleneck driven planning*") und werden später folglich als erste geplant, es sei denn, die vom Benutzer vergebenen Prioritäten sind explizit höher.

Als Ergebnis aller systemvergebenen Beschränkungen ergibt sich in jedem Fall eine Vorschriftsliste für die Inferenzkomponente, in welcher Reihenfolge sie das Auftragsnetzwerk eindeutig zu machen hat. Die weitere Verwendung dieser Vorschriftsliste wird im folgenden Abschnitt erläutert.

8.2.4 Planerzeugung nach Vorschriften

Um genau eine Lösung aus der Liste der Vorschriften zum Eindeutigmachen zu erhalten, ist es zunächst erforderlich, eine qualitative Lösung zu generieren. Das Suchverfahren wählt dazu an jedem Entscheidungspunkt diejenige Relation aus, welche die höchste Priorität unter den verbleibenden Relationen hat. Eine auf diese Art generierte Lösung kann aber quantitativ inkonsistent sein, deswegen wird sie einem Test auf quantitative Konsistenz unterzogen. Falls die Lösung zusätzlich quantitativ konsistent ist, ist die Lösung insgesamt konsistent und der Planungslauf terminiert.

Findet die Planungskomponente dagegen aufgrund eines überbeschränkten Lösungsraumes keine Lösung, müssen die admissiven Beschränkungen gelockert (relaxiert) werden. Eine formale Definition von Relaxierung gibt Hertzberg [Hertzberg et al 88]. An dieser Stelle ist jedoch die folgende informelle Definition ausreichend:
Relaxierung einer Beschränkung ist eine Obermenge der ursprünglichen Beschränkung.

Eine manuelle Konfliktlösung in dem betrachteten Applikationsbereich Fabrik wird in der Regel unter Berücksichtigung von Auftragspriorität, Materialverfügbarkeit, Personal- und Maschinenkapazitäten und den Kosten erfolgen. Da die Beschränkungen in der Planungskomponente mit Prioritäten versehen sind, ist es möglich, die Konfliktlösung mit den Prioritäten als Auswahlkriterium zu automatisieren. Je niedriger die Priorität, desto leichter kann die so bewertete Beschränkung relaxiert werden. Nach genau dieser Strategie arbeiten auch die Relaxierungsfunktionen des Planungsmoduls. *Die Beschränkungen wer-*

den (mit den niedrigsten Prioritäten zuerst) ausgeblendet, bis sich ein konsistentes Auftragsnetzwerk ergibt.

Während der Relaxierung werden die Vorschriften zum Eindeutigmachen permutiert und zwar so, daß die wichtigen Priorisierungen erhalten bleiben. Zu diesem Zweck beginnt das Verfahren an der letzten, am wenigsten wichtigen Gruppenrelation mit der am wenigsten wichtigen primitiven Relation und blendet sie aus (Relaxierung). Die Auswirkungen dieser Festlegung werden auf das gesamte Auftragsnetzwerk propagiert. Führt die gerade getroffene Festlegung zu einer Inkonsistenz, d.h. Unerfüllbarkeit des Auftragsnetzwerkes wird mittels temporaler Inferenz bewiesen, nimmt das Verfahren diese Änderung zurück und ändert die am wenigsten wichtige primitive Relation der vorletzten Gruppenrelation. Wenn die Veränderungen der "unwichtigsten" Relation in allen Gruppenrelationen nicht erfolgreich war, relaxiert die Inferenzkomponente nach und nach die "zweitunwichtigsten" Relationen in allen Gruppenrelationen usw.

Durch fortwährende Auswahl der zum jeweiligen Auswahlzeitpunkt günstigsten (bzw. vom Benutzer mit der höchsten Priorität versehenen) Primitive wird eine günstige Lösung gefunden. Die gefundene Lösung stellt nach dem *Optimalitätsprinzip* gleichzeitig die optimale Lösung dar, wenn die Umsetzung der Zielparameter in Prioritäten korrekt erfolgt ist. Die berechnete Lösung ist also keine absolute, mit einer einheitlichen Meßlatte bewertbare Lösung. Vielmehr ist sie als die günstigste (unter den gegebenen Beschränkungen und Prioritäten mögliche) Lösung anzusehen. Veränderungen in der Menge der Beschränkungen oder ein Austausch der Bewertungsfunktion können das Planungsergebnis weitgehend beeinflussen.

Die Hauptidee des Permutierens (eine intelligente Variante des "generate-and-test" Paradigmas) liegt darin, die wichtigen Informationen über die benutzervergebenen Prioritäten der Relationen zu erhalten und bei geringstmöglichem Informationsverlust möglichst gute Ergebnisse zu erzielen. Damit wird erreicht, daß in einem großen Teil der Fälle eine Lösung gefunden wird. Das Permutationsschema muß natürlich unvollständig sein, da sonst die Komplexität des generate-and-test Verfahrens ($O(n!)$) größer ist als die Komplexität des CSP Algorithmus ($O(2^n)$).

8.2.5 Planbewertung durch die Modellkomponente

Wenn der Benutzer die Berechnung aller unter den gegebenen Randbedingungen zulässigen Lösungen wünscht, verbleibt das Problem der Auswahl einer Lösung. Dazu kann er die Simulationskomponente (vgl. Kapitel 5) als Teil seiner Bewertungsfunktion verwenden: die Simulation kann jede gefundene Auftragsreihenfolge hinsichtlich Durchsatz, Auslastung und Bestand bewerten, und sie zeigt alle Reaktionen der Fertigung auf eine geplante Auftragsreihenfolge. Ebenfalls können durch die Simulation die zentralen *Kenngrößen der PPS Funktion* (Bestand, Durchlaufzeit, Auslastung und Terminabweichung) *antizipiert* werden. Durch Wahl der einen oder anderen Auftragsreihenfolge werden sie gezielt zugunsten der einen oder anderen Kenngröße beeinflußt.

Die Übergabe der Auftragsreihenfolgen von der Planungskomponente zu der Simulationskomponente erfolgt über eine standardisierte Schnittstelle [Zsack 89]. Diese Schnittstelle hat die Aufgabe, die Planungskomponente von einem einmal gewählten Simulator unabhängig zu machen. Sie stellt nach außen ein Repertoire von generischen Simulationssteuerungsfunktionen zur Verfügung und setzt es durch spezielle Simulationstreiber auf den gerade angeschlossenen Simulator um. Damit können bei ausschließlicher Verwendung der generischen Simulationssteuerungsfunktionen völlig transparent die unterschiedlichsten Simulatoren angeschlossen werden. Ein Austausch des Simulators erfordert keine Änderungen der Planungskomponente. In der vorliegenden Implementierung wurde für die Planbewertung der Simulator Simkit für eine Feinsimulation mit einem Horizont bis zu einer Stunde gewählt[6]. Für Aussagen mit längerem Horizont müssen aus Laufzeitgründen vergröberte Simulationsmodelle bzw. schnellere Simulatoren angeschlossen werden.

Die traditionelle Sensitivitätsanalyse von Ergebnissen einer *statistischen* Simulation läuft so ab, die Simulation unter gleichen Randbedingungen viele Male laufen zu lassen, um die statistisch verteilten Streuungen der Werte einzelner Parameter zu glätten. Diese Art der Sensitivitätsanalyse ist aufgrund von Rechenaufwandsüberlegungen in der vorgesehenen Anwendung nicht praktikabel. Die Bewertung erfolgt deshalb durch eine *deterministische* Simulation, d.h. einer Simulation ohne statistische Störgrößen. In diesem Fall wird der momentane Fertigungszustand in die Zukunft extrapoliert und von der Annahme ausgegangen, daß im simulierten Zeitraum keine größeren Störungen eintreten.

---

6   Es existieren noch andere Simulationstreiber, u.a. für Simulab.

8.3 Beispiel einer Auftragsreihenfolgeplanung

In der folgenden Beispielplanung seien die fünf Fertigungsaufträge Auftrag 1, ..., Auftrag 5 für zwei Schichten (16 h) freigegeben. Im Entscheidungsrahmen d werden für jeden Auftrag die zu fertigende Menge des Produkttyps und der späteste Endtermin für jeden Auftrag mitgegeben.

d = { (Auftrag 1, 200, Typ-A, 14.00 Uhr)
 (Auftrag 2, 400, Typ-B, 14.00 Uhr)
 (Auftrag 3, 600, Typ-C, 18.00 Uhr)
 (Auftrag 4, 600, Typ-D, 22.00 Uhr)
 (Auftrag 5, 800, Typ-E, 22.00 Uhr) }

Das Planungssystem erzeugt aus diesem Entscheidungsrahmen automatisch eine Definitionsform mit den sechs Parametern wie in Abschnitt 7.4.2 gezeigt, das für das obige Beispiel wie folgt aussieht:

(define.situation
 1. Planungshorizont
 2. 16 Stunden
 3. ((OCCUR(IN.BEARBEITUNG Auftrag 1) t1)
    (OCCUR(IN.BEARBEITUNG Auftrag 2) t2)
    (OCCUR(IN.BEARBEITUNG Auftrag 3) t3)
    (OCCUR(IN.BEARBEITUNG Auftrag 4) t4)
    (OCCUR(IN.BEARBEITUNG Auftrag 5) t5))
 4. ((t1 (during) Planungshorizont)
    (t2 (during) Planungshorizont)
    (t3 (during) Planungshorizont)
    (t4 (during) Planungshorizont)
    (t5 (during) Planungshorizont))
 5. ((t1 (after before) t2)
    (t1 (after before) t3)
    ... [alle Kombinationen] ...
    (t4 (after before) t5))
 6. ((t1 (6 u u 12 66 80))

(t2 (6 u u 14 135 160))
(t3 (6 u u 18 200 240))
(t4 (6 u u 22 200 240))
(t5 (6 u u 22 260 310))))

(u steht für unspecified)

Sämtliche Untersituationen (im Beispiel gibt es fünf Untersituationen) werden durch die in Abschnitt 7.2 vorgestellten Prädikate (HOLDS, OCCUR, OCCURRING) ausgedrückt. Da deren Anwendungs- und Geltungsbereich aber bis auf die gedanklich damit verknüpfte Semantik nicht weiter festgelegt ist, wird für den Anwendungsbereich quasi als Konvention festgelegt:

1. Das Prädikat OCCUR wird zur Beschreibung für all die Zeitabschnitte verwendet, in denen ein Auftrag bearbeitet wird.
2. Das Prädikat HOLDS wird zur Beschreibung der Stillstandszeiten von Betriebsmitteln verwendet, d.h. Sperrzeiten aus der Instandhaltung, in denen bestimmte Produkttypen nicht an bestimmten Maschinen bearbeitet werden dürfen.
3. Das Prädikat OCCURRING wird nicht verwendet und kann für spätere Erweiterungen der Inferenzkomponente benutzt werden.

Das so beschriebene Auftragsnetzwerk wird nun als Anforderung R = {Auftrag 1, Auftrag 2, Auftrag 3, Auftrag 4, Auftrag 5} an Instandhaltung sowie Leiterplatten- und Laufwerksfertigung weitergegeben. Jeder Auftrag legt den Produkttyp und die benötigte Menge fest. Aus dem zu fertigenden Produkttyp kann die Instandhaltung mittels ihres Prozeßmodells die benötigten Betriebsmittel bestimmen. Aus der zu fertigenden Menge wird die benötigte Kapazität jedes Arbeitsplatzes berechnet. Die Rückmeldungen u der Instandhaltung auf die Anforderung sind *Sperrzeiten bestimmter Betriebsmittel* und damit Nicht-Verfügbarkeitszeiten für die Produktion. Für das Planungsmodul ergeben sich hieraus quantitative und qualitative Beschränkungen der möglichen Auftragsreihenfolgen. Für die Beispielplanung in diesem Abschnitt soll gelten:

1. Quantitative (externe) Beschränkungen (Sperrzeiten) aus der Instandhaltung:

- Auftrag 3 nicht während [10..11] Uhr

- Auftrag 3 nicht während [14..16] Uhr
- Auftrag 5 nicht während [12..13] Uhr
- Auftrag 5 nicht während [16..18] Uhr

2. Quantitative (externe) Beschränkungen aus der Leiterplattenfertigung

- Auftrag 1 nicht vor 8 Uhr
- Auftrag 2 nicht vor 8 Uhr

3. Qualitative (benutzervergebene) Beschränkungen

- Auftrag 1 vor Auftrag 4
- Auftrag 1 nicht der erste Auftrag
- Auftrag 1 und Auftrag 3 sollen zusammenbleiben
- Auftrag 4 und Auftrag 5 sollen zusammenbleiben
- Auftrag 2 vor Auftrag 4

4. Quantitative (systemvergebene) Beschränkungen

- Fertige nach Regel EDD

In Bild 8.9 unten sind die quantitativen Beschränkungen tabellarisch aufgelistet. Außerdem sind sie z.T. in Bild 8.9 Mitte graphisch ersichtlich. Jeder Balken beginnt am frühestmöglichen Starttermin und endet am spätestmöglichen Endtermin des betreffenden Fertigungsauftrags. Die dunklen Bereiche eines Balkens kennzeichnen die für diesen Fertigungsauftrag bekannten Sperrzeiten.

Gewöhnlich kann nur für die von externen Stellen durchgeführte Instandhaltung ein exakt spezifiziertes Zeitfenster für Instandhaltungsaufträge mit Werten für frühesten Anfang, spätestes Ende und Dauer angegeben werden. Die von internen Servicestellen durchgeführte Instandhaltung gibt meist nur Zeitdauern für fällige Instandhaltungsaktivitäten vor. Derartige, nur durch ihre Zeitdauer festgelegte Zeitabschnitte aus der Instandhaltung werden im Planungslauf terminlich automatisch mitfestgelegt, so daß sich aus dem Produktionssteuerungsbereich unmittelbar Zeitvorgaben für die Instandhaltungsaktivitäten ergeben.

Kap. 8   Anwendung des CIM Moduls FLEX   175

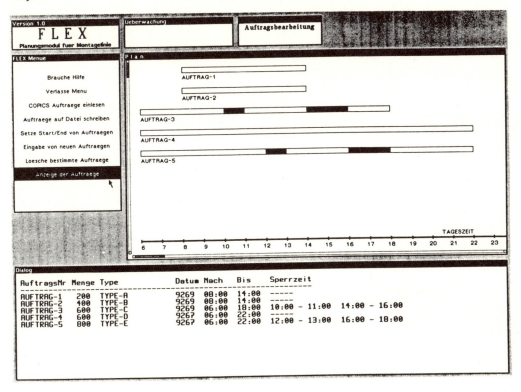

Bild 8.9: Bildschirmbild 1: Ausgangspunkt vor einem Planungslauf

Die Übertragung der Ergebnisse des Planungslaufes in ein Durchlaufdiagramm zeigt Bild 8.10. Der Planungshorizont umfaßt den zeitlichen Bereich von 7 bis 22 Uhr. Jeder Balken des Diagramms ist durch seinen SOLL-Starttermin und seinen SOLL-Endtermin begrenzt. Ein schraffierter Balken kennzeichnet den Zeitabschnitt, in dem der betreffende Fertigungsauftrag in Bearbeitung ist ("IN.BEARBEITUNG AUFTRAG-x"). Der helle Bereich eines Balkens soll andeuten, daß der während dieses Zeitabschnitts laufende Fertigungsauftrag einen Zeitpuffer in der Länge des hellen Bereiches hat. Die dunklen Balken ("GESPERRT.AUFTRAG-x") stellen wie schon in Bild 8.9 die Sperrzeiten für den jeweiligen Fertigungsauftrag dar. Die berechnete Auftragsreihenfolge kann nun entweder mit der beschriebenen Simulationskomponente des Planungsmoduls bezüglich Durchsatz und Auslastung bewertet werden, oder sie kann gleich akzeptiert und den übrigen Fertigungsbereichen als Anforderung r bekannt gemacht werden.

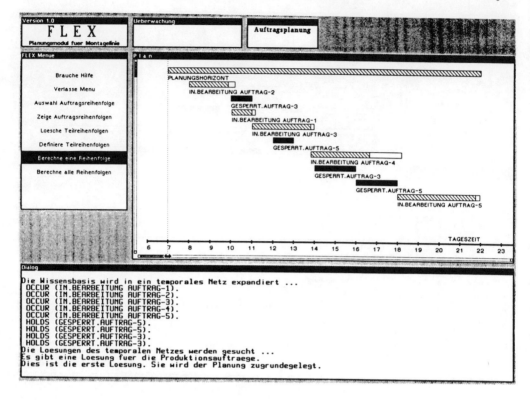

Bild 8.10: Bildschirmbild 2: Ergebnis des Planungslaufs

9
Kritische Bewertung und Ausblick

9.1 Kritische Bewertung

Der in dem CIM Planungsmodul verwendete Planungsformalismus ist eine mächtige Form der Wissensrepräsentation: der Benutzer kann deklarativ die zeitlichen Beziehungen zwischen den ihn interessierenden Produktionssituationen beschreiben und es dem Planungsmodul überlassen, Lösungen zu finden. Da eine derartige deklarative Repräsentation abstrakter ist als eine prozedurale Repräsentation, ist damit auch der Beschreibungsaufwand für den Benutzer geringer (auf der anderen Seite natürlich ist der Berechnungsaufwand für den Rechner höher, aber das ist die Evolution in der Informationstechnik: die immer mächtigeren Softwarewerkzeuge erfordern immer leistungsfähigere Rechner).

Ein weiterer Vorteil des verwendeten Formalismus ist, daß Größen mit unterschiedlichem Abstraktionsgrad (in diesem Fall Entscheidungsrahmen und Anforderungen), die auf eine Entscheidungszelle einwirken, in einem Netzwerk *uniform repräsentiert* und *integral verarbeitet* werden. Damit wird eine vertikale und eine horizontale Integration der Entscheidungszelle mit anderen Entscheidungszellen leicht möglich: in vertikaler Richtung werden die Entscheidungsrahmen und in horizontaler Richtung die Anforderungen integriert. Diese integrale Funktionsweise führt zu Synergieeffekten, die eine weitere Integration der einzelnen Entscheidungszellen zur Realisierung von rechnerintegrierter Produktion wesentlich unterstützen.

Neben diesen Vorteilen soll das in dieser Arbeit vorgestellte Planungsmodul mit seinen drei Komponenten Planung, Überwachung und Simulation abschließend aber auch kritisch beleuchtet werden.

1. Planungskomponente

Die Prädikate der vorgestellten Zeitlogik sind immer zweistellig. Komplexe Beschränkungen, die zwischen mehr als zwei Objekten bestehen können (z.B. Teilreihenfolgen), sind mit den in Abschnitt 7.2 vorgestellten Zeitprimitiven nicht ohne Erweiterungen zu beschreiben. Diese Problematik wurde gelöst, indem die rein deklarative Wissensrepräsentation der Zeitlogik aufgegeben und um prozedurale Elemente erweitert wurde. Danach können Beziehungen zwischen mehr als zwei Objekten durch mit Prioritäten besetzte Relationen beschrieben werden: die Prioritäten geben sozusagen *Metabeschränkungen* an, die auf prozeduraler Ebene gehandhabt werden.

2. Überwachungskomponente

Die momentane Implementation der Überwachungskomponente kann mit Mehrfachfehlern schwer umgehen. *Mehrfachfehler* bedeutet, daß gleichzeitig mehrere Fehler auftreten, wobei sich die Symptome überlagern und damit eine andere Symptomatik vorspiegeln können. Eine weiterer Makel ist die bestehende Domänenabhängigkeit. Es sei jedoch angemerkt, daß es zwar wünschenswert ist, daß eine Überwachungskomponente soweit wie möglich domänenunabhängig und damit beliebig wiederverwendbar ist, wie aber soll das bewerkstelligt werden, wenn für eine andere Produktionsanlage die Heuristiken zur Störungsdiagnose ganz anders aussehen? Diese Frage kann im Rahmen dieser Arbeit nicht beantwortet werden.

3. Simulationskomponente

Eine detaillierte Simulation für die Bewertung sämtlicher möglicher Auftragsreihenfolgen erweist sich als zu langsam. Zwar kann man als ersten Ansatz von Details abstrahieren und ein vergröbertes Simulationsmodell der Produktionsanlage erstellen. Damit werden jedoch gleichzeitig die möglichen Aussagen ungenauer. Als Alternative zu einer Simulation verweist Cunninghame-Green auf die Vorteile der sogenannten Minimax Algebra. Allerdings konkretisiert er das Verfahren nicht anhand von Beispielen und bleibt sehr abstrakt [Cunninghame-Green 79], [Cohen et al 83].

9.2 Ausblick

Generell feststellbare Tendenzen auf den Absatzmärkten sind:

1. Produkte werden nur akzeptiert, wenn sie dem neuesten technischen Stand ensprechen (kurze Produktlebenszyklen).
2. Der Kunde verlangt ein individuell auf seine Wünsche abgestimmtes Produkt, wodurch eine Vielzahl an Varianten entsteht, die in kleinen Stückzahlen zu produzieren sind.
3. Die durch Kunden und Vorschriften erzwungenen Qualitätsanforderungen steigen in Richtung Null-Fehler Qualität.
4. Kürzere Durchlaufzeiten und niedrige Bestände verkürzen die notwendigen Reaktionszeiten für Entscheidungen im Bereich der Produktionssteuerung.

Das Ziel eines modernen Produktionsunternehmens ist demnach angesichts von Wettbewerb die Produktion zu niedrigen Kosten in hoher Qualität und in kurzer Zeit. Immer mehr Unternehmen setzen deshalb auf sogenannte flexible Produktionssysteme. Mit flexiblen Produktionssystemen verlieren einige Schwachstellen derzeitiger PPS Systeme (Abschnitt 2.4) an Bedeutung:

1. Kürzere Durchlaufzeiten und damit geringere Durchlaufzeitstreuungen verringern die Unsicherheit und verbessern die Planungsgenauigkeit.
2. Niedrigere Losgrößen verbessern die Dispositionsmöglichkeiten und die heute noch verwendete Berechnung optimaler Losgrößen verschwindet.

Ein flexibles Produktionssystem stellt aber zuerst einmal hohe Kapitalfixkosten für ein Unternehmen dar. Diese Fixkostenbelastung kann nach Berechnungen von Seliger häufig nicht allein durch Einsparungen an Lohnkosten ausgeglichen werden, sondern nur durch Nutzungsgradsteigerungen [Seliger 83]. Dazu sind flexible Planungssysteme erforderlich. Erst mit einem flexiblen Planungssystem zusammen ergibt ein flexibles Produktionssystem ein flexibles und kostengerechtes Gesamtproduktionssystem.

Die KI bietet genügend Softwaretechniken zur Entwicklung flexibler Planungssysteme. Neben der Entwicklung solcher Systeme kommt es zukünftig noch mehr darauf an, mit geeigneten Konzepten (z.B. mit dem in dieser Arbeit vorgestellten CIM Referenzmodell) die Integration in die existierende Produktionsumgebung effizient zu bewerkstelligen.

Integration ohne entsprechende organisatorische Konsequenzen erbringt nur einen Teil des möglichen Nutzens. Auch hier läßt sich eine 80:20 Regel formulieren: 20% Potential steckt in technischen Verbesserungen, je 40% in organisatorischen und personalorientierten Verbesserungen. Es genügt nicht, die bestehende Produktionsorganisation einfach zu automatisieren: vor der technischen muß eine organisatorische Integration erfolgen, in der Produkte, Prozesse und Abläufe mit dem Ziel der Vereinfachung überarbeitet werden. Bedeutsam ist auch eine mehr mitarbeiterbezogenen Denkweise: Immer mehr Technik ist nur durch hochqualifizierte Mitarbeiter beherrschbar, die selbstständig und verantwortungsbereit agieren. Letztendlich ist es also eine Optimierung von Prozessen, Produkten, Abläufen und Personaleinsatz, denn totale Flexibilisierung und Automatisierung lohnt sich nur für die Massenfertigung.

Die Erkenntnis des Altmeisters der Automatisierung Henry Ford: "*Every well out thought process is simple*" hat nichts an Aktualität eingebüßt. Auch gegenwärtig wird Vereinfachung als Schlüssel zur Erreichung von Produktionsflexibilität gesehen, z.B.: "*Simplification is a key element of many manufacturing strategies. [...] We believe that simplicity is the ultimate in sophistication.*" [Wrennall, Lee 88].

Burbidge meint: "*... complex production control systems do not, and probably never can, work effectively*" und daß die Lösung der meisten Probleme in der Produktion in der *organisatorischen Vereinfachung* liegt [Burbidge 85, persönliches Gespräch 88]. Bevor also wissensbasierte Systeme eingesetzt werden, müssen alle Möglichkeiten zur organisatorischen Vereinfachung des Entscheidungssystems der Produktion ausgenutzt werden, d.h. es muß zuerst soweit wie möglich vereinfacht werden, ehe möglicherweise noch komplexere wissensbasierte Systeme entwickelt werden, um dieses Entscheidungssystem zu kontrollieren oder zu unterstützen. Diese Vorgehensweise wird auch von Anwendern empfohlen, wie z.B. von Butcher und Yu, die Vereinfachungen in den Produktionsabläufen und die Einführung von just-in-time als wesentlichen Fortschritt zu höherer Flexibilität und geringerer Komplexität sehen. Wenn dann noch Probleme "übrigbleiben", können (und sollen) Methoden der KI verwendet werden [Butcher, Yu 88].

Schonberger sieht den Weg zu wettbewerbsfähiger Produktion in frugalem Denken und Produktion ("*frugal manufacturing*"). Dabei wird die Gesamtproduktionsanlage durch spezialisierte Produktionsssegmente - Fabriken in der Fabrik - bewerkstelligt. Statt Maschinen mit großer Kapazität zu installieren, sollen kleine und flexible Maschinen installiert werden, mit denen sich vielfältige Linien und Zellen bilden lassen. Statt einer teuren Produktionsanlage mit großer Kapazität sollen mehrere langsamere und billigere Anlagen eingerichtet werden, die jede für sich leichter zu steuern, einfacher zu warten und stärker produktorientiert ist. Bei niedrigeren Investitionskosten ist der betriebswirtschaftliche Druck geringer, irgend etwas zu produzieren, nur um eine teuere Maschine auszulasten. Organisatorische Gestaltungsmöglichkeiten liegen in der Schaffung von autonomen Organisationseinheiten mit Entscheidungsdezentralisation und Hierarchieverflachung [Schonberger 88]. Kurz: Vereinfachung der Produktionsabläufe und Schaffung transparenter, flußorientierter Produktionsstrukturen, die eine an den Marktbedürfnissen ausgerichtete flexible Produktion ermöglichen.

Wenn die bereits im ersten Kapitel genannten Quellen der Komplexität, nämlich *Produktkomplexität* und *Prozeßkomplexität*, gleichzeitig vermindert werden, ergibt sich damit eine Verringerung der Komplexität der Produktionsaufgaben insgesamt. Die Produktkomplexität wird durch eine produktionsorientierte Produktgestaltung ("*design for production*") und durch die Reduzierung der Teilevielfalt ("*commonality*") eines Produktes vermindert. Die Prozeßkomplexität wird reduziert, indem die bei der Werkstatt noch funktional zusammengefaßten Betriebsmittel schließlich zu nach dem Flußprinzip geordneten Einheiten verbunden werden: eine Funktionsoptimierung weicht mehr und mehr einer Flußoptimierung. Als organisatorische Vereinfachungsmaßnahme gilt auch die Fertigungstiefenoptimierung, d.h. komplette Baugruppen (mit mittlerer oder kleiner Variantenzahl, aber großer Teilezahl) werden vollständig auf Zuliefererunternehmen verlagert und von dort (meist just-in-time) angeliefert. Die modernen just-in-time Produktionssteuerungskonzepte (vgl. Kapitel 2) arbeiten ebenfalls am besten mit einfachen, flexiblen Produktionssystemstrukturen, die vergleichsweise einfache Algorithmen zur Maschinenbelegung haben.

In der Konsumindustrie verliert deshalb das allgemeine Maschinenbelegungsproblem (Problem, n Aufträge auf m Maschinen optimal zu verteilen) stark an Bedeutung. Steigende Bedeutung werden dagegen die Produktionsüberwachung und die Synchronisation der Auftragsreihenfolgen mit den just-in-time anliefernden Produktionsteilbereichen erhalten, die mit dem in dieser Arbeit vorgestellten deklarativen Verfahren elegant gelöst werden können.

Bilderverzeichnis

Bild 1.1: Aufgaben von Produktionsplanung und -steuerung
Bild 1.2: Produktionsprobleme und ihre Behebung
Bild 1.3: Einfaches Produkt, komplexes Produkt und komplexe Steuerung
Bild 1.4: Übergang konventionelle - wissensbasierte Systeme
Bild 2.1: Taxonomie der Lösungsverfahren
Bild 3.1: Das hierarchische Modell von NBS
Bild 3.2: Das konzeptuelle Modell von GRAI
Bild 3.3: Planungshorizont und Planungsperiode
Bild 3.4: Entscheidungszellen im GRAI Gitter
Bild 3.5: Symbol für einen Entscheidungsprozeß
Bild 3.6: Symbol für einen Ausführungsprozeß
Bild 3.7: Symbole für logische Verknüpfungen
Bild 3.8: Architektur eines CIM Controllers
Bild 3.9: Architektur eines generischen CIM Moduls
Bild 4.1: Layout der Montagelinie
Bild 4.2: Stückliste nach logistischen Gesichtspunkten
Bild 4.3: Das Entscheidungssystem der Fabrik
Bild 4.4: Entscheidungsgitter auf den Ebenen Shop und Workcell
Bild 4.5: Systemumgebung des Planungsmoduls FLEX
Bild 4.6: Aufbau des Planungsmoduls FLEX
Bild 4.7: Modellierung eines realen Systems in einem objektorientierten Programm
Bild 5.1: Beispiel 1: Objektorientierte Simulationsbibliothek
Bild 5.2: Beispiel 2: Objektorientiertes Simulationsmodell
Bild 5.3: GRAI Netz: Bestimme Produktvariante
Bild 5.4: GRAI Netz: Darf Produkt an Arbeitsplatz bearbeitet werden?
Bild 5.5: GRAI Netz: Produkt wurde an Arbeitsplatz bearbeitet
Bild 5.6: GRAI Netz: Darf Produkt aus Seitenlinie ausgeschleust werden?
Bild 5.7: Prinzipieller Aufbau einer Seitenlinie in der Simulation
Bild 5.8: Einprodukt Durchsatz in Abhängigkeit vom Bestand
Bild 5.9: Durchlaufzeit in Abhängigkeit vom Bestand
Bild 5.10: Mehrprodukt Durchsatz in Abhängigkeit vom Bestand
Bild 5.11: Ausbringung bei Vergrößerung von Ausgangspuffern
Bild 5.12: Ausbringung bei Vergrößerung von Eingangspuffern

Bild 5.13: Verdrängungsprozesse im 2-Produktbetrieb bei Störungen
Bild 5.14: Abgangskurven im 2-Produktbetrieb bei Störungen
Bild 6.1: Mögliche Bestandsentwicklung einer Seitenlinie
Bild 6.2: Mehrfachverwendung des Diagnosesystems
Bild 6.3: GRAI Netz: Funktionen der Überwachungskomponente
Bild 7.1: Admissive und imperative Beschränkungen grenzen den Planungsspielraum ein
Bild 7.2: Vier wesentliche Klassifikationskriterien von Planungssystemen
Bild 7.3: Bildliche Darstellung der Bedeutung der 13 primitiven Relationen
Bild 7.4: Bildliche Berechnung einer Relation aus zwei anderen Relationen
Bild 7.5: Beispiel für ein Netz mit singulären Referenzintervallverbindungen
Bild 7.6: Beispiel für ein Netz mit multiplen Referenzintervallverbindungen
Bild 7.7: Beispiel für ein konsistentes Netz
Bild 7.8: Beispiel für ein inkonsistentes Netz
Bild 7.9: Frühester Anfangszeitpunkt (FAZ) und Spätester Endzeitpunkt (SEZ) eines Zeitintervalls
Bild 7.10: Spätester Anfangszeitpunkt (SAZ) und Frühester Endzeitpunkt (FEZ) eines Zeitintervalls
Bild 7.11: Minimale (Min) und Maximale Dauer (Max) eines Zeitintervalls
Bild 7.12: Zerlegung der Menge der Extensionen aller Intervalle in Teilebenen
Bild 7.13: Beispiel für das Gebiet before zu einem SOPO
Bild 7.14: Beispiel für das Gebiet meets zu einem SOPO
Bild 8.1: GRAI Netz: Bestimme mögliche Auftragsfolgen
Bild 8.2: Temporales Netz: Auftragsnetzwerk ohne zusätzliche Beschränkungen
Bild 8.3: Die verschiedenen Beschränkungsschritte
Bild 8.4: Temporales Netz mit Zusatzbeschränkungen für Auftrag 3
Bild 8.5: GRAI Netz: Berechnung aller Auftragsreihenfolgen
Bild 8.6: Auftragsnetzwerk mit vollständig verknüpften Intervallen
Bild 8.7: Auftragsnetzwerk mit Referenzintervallstruktur
Bild 8.8: Auftragsnetzwerk mit Priorität
Bild 8.9: Bildschirmbild 1: Ausgangspunkt vor einem Planungslauf
Bild 8.10: Bildschirmbild 2: Ergebnis des Planungslaufs

Literaturverzeichnis

Aggarwal S.C., 1985,
MRP, JIT, OPT, FMS?, in: *Harvard Business Review*, Nr. 9, 8-16

Albus J., Barbera A., Nagel R., 1981,
Theory and practice of hierarchical control, in: *Tagungsband 23rd IEEE Computer Society International Conference*, Compcon Fall, USA, 18-38

Allen J., 1983,
Maintaining knowledge about temporal intervals, in: *Communications of the ACM*, Bd. 26, Nr. 11, 832-843

Allen J., 1984,
Towards a general theory of action and time, in: *Artificial Intelligence*, Bd. 23, Nr. 2, 123-154

Allen J., Koomen J., 1983,
Planning using a temporal world model, in: *Tagungsband 8th IJCAI*, Karlsruhe, 741-747

Altrogge G., 1979,
Netzplantechnik, Gabler, Wiesbaden

AWF, 1985,
Integrierter EDV-Einsatz in der Produktion, CIM - Computer Integrated Manufacturing, Begriffe, Definitionen, Funktionszuordnungen, AWF Empfehlung, Ausschuß für Wirtschaftliche Fertigung e.V., Eschborn

Baker K.R., 1974,
Introduction to Sequencing and Scheduling, John Wiley & Sons, New York

Balzer R., 1985,
A 15 year perspective on automatic programming, in: *IEEE Transactions on Software Engineering*, Bd. 11, Nr. 11, 1257-1268

Barbera A., Fitzgerald M., Albus J., Haynes L., 1984,
RCS: The NBS real-time control system, in: *Tagungsband of Robot & Conference and Exposition*, Detroit, USA

Becker S., 1988,
Konzeption und Implementation einer temporalen Inferenzkomponente - Anwendung auf Planungsprobleme in der Fertigung, Diplomarbeit Universität Hamburg, erschienen als Philips Laborbericht LB 726/88

Bensana E., Dubois D., 1988,
OPAL: a multi-knowledge-based system for industrial job-shop scheduling, in: *International Journal of Production Research*, Bd. 26, Nr. 5, 795-819

Biemans F., 1986,
A reference model of production control systems, in: *Tagungsband IEEE Industrial Electronics Society*, Milwaukee, USA

Blackstone J., Philipps D., Yogg G., 1982,
A state-of-the art survey of dispatching rules for manufacturing job shop operation, in: *International Journal of Production Research*, Bd. 20, Nr. 1, 27-45

Bobrow D.G. (Hg.), 1985,
Qualitative reasoning about physical systems, MIT Press

Brachmann R., Levesque H., (Hg.), 1985,
Readings in knowledge representation, Kaufmann Publisher, Los Altos, USA

Brachmann R.J., Schmolze J.G., 1985,
An overview of the KL-ONE knowledge representation system, in: *Cognitive Science*, Bd. 9, Nr. 2, 171-216

Breuil D., 1990,
GRAI - La methode et ses applications, wird 1990 erscheinen (in französisch)

Browne J., 1988,
Production activity control - a key aspect in production control, in: *International Journal of Production Research*, Bd. 26, Nr. 3, 415-427

Browne J., Harhen J., Shivnan J., 1988
Production management systems - A CIM perspective, Addison-Wesley

Brucker P., 1981,
Scheduling, Studientexte Informatik, Akademische Verlagsgesellschaft, Wiesbaden

Bruno G., Antonio E., Pietro L., 1986,
A rule-based system to schedule production, in: *IEEE Computer*, 32-41

Bünz D., 1987,
Zur Analyse und zum Entwurf von Produktionsmanagement Systemen - Die GRAI Methode, Teil 1, in: *CIM Management*, Bd. 3, Nr. 4, 43-47

Bünz D., 1988,
Zur Analyse und zum Entwurf von Produktionsmanagement Systemen - Die GRAI Methode, Teil 2, in: *CIM Management*, Bd. 4, Nr. 2, 56-59

Bünz D., Huber A., 1988,
Die Spezifikation eines Expertensystems für flexible Fertigungslinien mit GRAI, in: *WIMPEL (Wissensba-*

sierte Methoden für Produktion, Engineering und Logistik), Berichte des German Chapter of the ACM, Bd. 31, Teubner, Stuttgart, 347-362

Bünz D., Huber A., 1988b,
The design of knowledge-based supervision systems for production with GRAI, in: *Tagungsband Factory 2000 - Integrating Information and Material Flow*, Cambridge, UK, 263-270

Bünz D., Huber A., Meyer W., 1990,
Knowledge-based factory supervision - The flow line controller, wird erscheinen in: *International Journal of Computer Integrated Manufacturing*

Burbidge J., 1985,
Automated production control, in: Falster P. & Mazumber R. (Hg.) Modelling Production Management Systems, Elsevier, Amsterdam

Busch U., 1987,
Bestandgeregelte Durchflußsteuerung (BGD), in: *CIM Management*, Bd. 2, Nr. 1, 18-23

Busch U., 1989,
Entwicklung eines PPS-Systems, Erich Schmidt Verlag, Berlin

Butcher J., Yu C., 1988,
JIT - then AI, in: M.D.Oliff (Hg.) Expert Systems and Intelligent Manufacturing, Elsevier Science Publishers, Amsterdam, 233-248

Casavant T.L., Kuhl J.G., 1988,
A taxonomy of scheduling in general-purpose distributed computing systems, in: *IEEE Transactions on Software Engineering*, Bd. 14, Nr. 2, 141-154

Casey L.M., 1981,
Decentralized scheduling, in: *Australian Computing Journal*, Bd. 13, Nr. 1, 58-63

Coffmann E.G., 1976,
Computer and job shop scheduling theory, John Wiley & Sons, New York

Cohen G., Dubois D., Quadrat J.P., Viot M., 1983,
A linear system-theoretic view of discrete-event processes, in: *Tagungsband IEEE Control and Decision*, 1039-1044

Collinot A., Lepape C., 1987,
Controlling constraint propagation, in: *Tagungsband 10th IJCAI*, Mailand, 1032-1034

Convay R.W., Maxwell W.L., Miller L.W., 1976,
Theory of Scheduling, Addison-Wesley, New York

Cox B., 1987,
Object oriented programming, an evolutionary approach, Addison-Wesley, New York

Cunningham P., Browne J., 1986,
A Lisp based heuristic scheduler for automatic insertion in the electronics industry, in: *International Journal of Production Research*, Bd. 24, Nr. 6, 1395-1408

Cunninghame-Green R.A., 1979,
Minimax Algebra, Lecture Notes in Economics and Mathematical Systems, Springer Berlin, Heidelberg

Davis E., 1987,
Constraint Propagation with interval labels, in: *Artificial Intelligence*, Bd. 32, Nr. 2, 281-331

Davis K.H., Arora A.K., 1988,
Converting a relational database model into an entity-relationship model, in: *Proceedings of the 6th International Conference on Entity-Relationship Approach*, Elsevier Science Publishers, North Holland, 271-285

Dean T., 1985
Temporal reasoning involving counterfactuals and disjunctions, in: *Tagungsband 9th IJCAI*, Los Angeles, USA, 1060-1062

Dechter A., Dechter R., 1987,
Removing redundancies in constraint networks, in: *Tagungsband 6th AAAI*, Seattle, USA, 105-109

Dechter R., Pearl J., 1988,
Network-based heuristics for constraint satisfaction problems, in: Kanal and Kumar (Hg.) Search in AI, Springer New York, Berlin

DeKleer J., Brown J.S., 1984,
A qualitative physics based on confluences, in: *Artificial Intelligence*, Bd. 24, Nr. 1, 7-84

DeKleer J., 1986,
Problem-solving with the ATMS, in: *Artificial Intelligence*, Bd. 28, Nr. 2, 197-224

DeKoster M.B.M., 1987,
Estimation of line efficiency by aggregation, in: *International Journal of Production Research*, Bd. 25, Nr. 4, 615-626

DeKoster M.B.M., 1988,
An improved algorithm to approximate the behaviour of flow lines, in: *International Journal of Production Research*, Bd. 26, Nr. 4, 691-700

Descotte Y., Latombe J.C., 1985,
Making compromises among antagonist constraints in a planner, in: *Artificial Intelligence*, Bd. 27, Nr. 2, 183-217

Doumeingts G., 1987,
Use of GRAI method for the design of an advanced manufacturing system, in: *Tagungsband 6th International Conference Flexible Manufacturing Systems*, Turin, Italien, 341-358

Ebner M., Vollmann T., 1988,
Manufacturing systems for the 1990's, in: M.D.Oliff (Hg.) Expert Systems and Intelligent Manufacturing, Elsevier Science Publishers, Amsterdam, 317-336

Elleby P., Fargher H.E., Addis T.R., 1988,
Reactive constraint-based job-shop scheduling, in: M.D.Oliff (Hg.) Expert Systems and Intelligent Manufacturing, Elsevier Science Publishers, Amsterdam, 1-10

Erkes K.F., 1988,
Gesamtheitliche Planung flexibler Fertigungssysteme mit Hilfe von Referenzmodellen, Dissertation RWTH Aachen

Eversheim W., Thome H.G., 1988,
Einsatzgebiete der Simulation im Rahmen des Computer Integrated Manufacturing (CIM), in: Feldmann K., Schmidt B. (Hg.) Fachberichte Simulation Band 10, Simulation in der Fertigungstechnik, Springer Berlin, Heidelberg, 46-76

Fikes R., Kehler T., 1985,
The role of frame-based representation in reasoning, in: *Communications of the ACM*, Bd. 28, Nr. 9, 904-920

Fox M., 1981,
An organizational view of distributed systems, in: *IEEE Transactions on Systems, Man, and Cybernetics*, Bd. 11, Nr. 1, 70-80

Fox M., 1983,
Constraint-directed search: A case study of job-shop scheduling, Ph.D. Thesis, Carnegie Mellon University, Pittsburgh, USA

Fox R.E., 1982,
MRP, Kanban, or OPT, what's best, in: Sonderdruck *Inventories & Production Magazine*, Bd. 2, Nr. 4, o.S.

French S., 1982,
Sequencing and Scheduling: An Introduction to the Mathematics of the Job-shop, Ellis Horwood, Chichester, UK

Freuder E.C., 1982
A sufficient condition for backtrack-free search, in: *Journal of ACM*, Bd. 29, Nr. 1, 24-32

Furbach U., 1988,
Wissensrepräsentation und Programmiersprachen, in: Heyer G. (Hg.) Wissensarten und ihre Darstellung, Informatik Fachbericht 169, Springer, Berlin, 262-271

Galton A., 1987,
Temporal logics and their applications, Academic Press, London

Gaschnig J., 1978,
Experimental case studies of backtrack vs. Waltz-type vs. new algorithms for satisficing assignment problems, in: *Tagungsband 2nd National Conference Canadian Soc. for Computational Studies of Intelligence*, Toronto, Ontario, o.S.

Götzke H., 1972,
Netzplantechnik: Theorie und Praxis, Technik Tabellen Verlag Fikentscher & Co., Darmstadt

Goldberg A., Robson D., 1983,
Smalltalk-80: the language and its implementation, Addison-Wesley, New York

Goldratt E., 1988,
Computerized shop floor scheduling, in: *International Journal of Production Research*, Bd. 26, Nr. 3, 443-455

Gosh S., Gagnon R., 1989,
A comprehensive literature review and analysis of the design, balancing and scheduling of assembly systems, in: *International Journal of Production Research*, Bd. 27, Nr. 2, 637-670

Grady P.J., Bao H., Lee K.H., 1987,
Issues in intelligent cell control for flexible manufacturing systems, in: *Computers in Industry*, Bd. 9, Nr. 1, 25-36

Grady P.J., Lee K.H., 1988,
An intelligent cell control system for automated manufacturing, in: *International Journal of Production Research*, Bd. 26, Nr. 5, 845-861

Grant T., 1986,
Lessons for O.R. from A.I: A scheduling case study, in: *Journal Operational Research Society*, Bd. 37, Nr. 1, 41-57

Gröflin H., Luss H., Rosenwein B., Wahls E., 1989,
Final assembly sequencing for just-in-time manufacturing, in: *International Journal of Production Research*, Bd. 27, Nr. 2, 199-213

Groner M., Bischof W., 1983,
The role of heuristics in models of decision, in: Scholz R. (Hg.) Decision making under uncertainty, Elsevier Science Publishers, North Holland, 87-108

Groner M., Bischof W., 1983,
Approaches to heuristics: a historical review, in: Groner R. (Hg.) Methods of heuristics, Lawrence Erlbaum, Hilldsdale, USA

Grünfeld H., Striekwold P., Weeda P., 1989,
A framework for quantitative comparison of production control concepts, in: *International Journal of Production Research*, Bd. 27, Nr. 2, 281-292

Güsgen H.W., 1988,
Constraint propagation with indexed values, in: *Tagungsband Workshop Planen und Konfigurieren*, GMD 5/88, 103-11

Guiot T., Lecocq P., 1988,
Expert system for production planning and scheduling, in: *J. Browne (Hg.) Knowledge-based production management systems, Elsevier Science Publishers, Amsterdam, 153-170*

Habel Ch., 1989,
Künstliche Intelligenz - Woher kommt sie, wo steht sie, wohin geht sie?, in: T*agungsband 7. Frühjahrsschule Künstliche Intelligenz*, Springer Berlin, 1-21

Hackstein R., 1985,
CIM-Begriffe sind verwirrende Schlagwörter - Die AWF-Empfehlung schafft Ordnung, in: *Tagungsband PPS, AWF-Ausschuß für Wirtschaftliche Fertigung*, Böblingen

Haralick R.M., Elliot G.L., 1980,
Increasing tree search efficiency for constraint satisfaction problems, in: *Artificial Intelligence*, Bd. 14, Nr. 3, 263-313

Haralick R.M., Shapiro L.G., 1979,
The consistent labeling problem, Part I, in: *IEEE Transactions Pattern Analysis and Machine Intelligence*, Bd. 1, Nr. 2, 173-184

Haralick R.M., Shapiro L.G., 1980,
The consistent labeling problem, Part II, in: *IEEE Transactions Pattern Analysis and Machine Intelligence*, Bd. 2, Nr. 3, 193-203

Harrington J., 1984,
Understanding the manufacturing process, Marcel Dekker, New York

Hayes-Roth B., 1985,
A blackboard architecture for control, in: *Artificial Intelligence*, Bd. 26, Nr. 3, 251-321

Heinemeyer W., 1984,
Fortschrittszahlen - ein Ansatz zur Steuerung in der Großserienfertigung, in: Sonderdruck zum Fachseminar Statistisch Orientierte Fertigungssteuerung, Hannover, 98-127

Helberg P., 1987,
PPS als CIM Baustein, Erich Schmidt Verlag, Berlin

Hertzberg J., 1986,
Planen und die Repräsentation der realen Welt, Informatik Fachbericht Nr. 50, Universität Bonn, Bonn

Hertzberg J., Güsgen H.W., Voß A., Fidelak, Voß H., 1988,
Relaxing constraint networks to resolve inconsistencies, in: *Tagungsband Workshop Planen und Konfigurieren*, GMD 5/88, 91-101

Horowitz E., Sahni S., 1981,
Algorithmen - Entwurf und Analyse, Springer Berlin

Huber A., 1986,
Wissensbasierte Echtzeit-Steuerung in CIM, in: *CIM Management*, Bd. 2, Nr. 4, 94-97

Huber A., 1987,
Knowledge-based production control for a flexible flow line in a car radio manufacturing plant, in: *Tagungsband 6th International Conference Flexible Manufacturing Systems*, Turin, Italien, 3-20

Huber A., 1988,
FLEX: an expert system for the production control of a flexible flow line, in: *Tagungsband Bd. 4 12th IMACS Special Section Second Generation Expert Systems*, Paris, 318-322, überarbeitet in: R. Huber (Hg.) Artificial Intelligence in Scientific Computation, J.C. Baltzer AG, Scientific Publishing Company, 1989, 181-187

Huber A., Becker S., 1988,
Production planning using a temporal planning component, in: *Tagungsband 8th European Conference on Artificial Intelligence*, München, 188-190

Huber A., Bünz D., 1989,
Using GRAI to specify expert systems for the control and supervision of flexible flow lines, in: J. Browne (Hg.) Knowledge-based production management systems, Elsevier Science Publishers, Amsterdam, 295-308

Hundal T., Rajgopal J., 1988,
An extension of Palmer's heuristic for the flow shop scheduling problem, in: *International Journal of Production Research*, Bd. 26, Nr. 6, 1119-1124

Intellicorp, 1988,
The KEE and SIMKIT user manuals, Mountain View, USA

Isenberg R., 1988,
Knowledge-based workcell controller for production planning in the electronics industry, in: *International Journal of Advanced Manufacturing Technology*, Bd. 3, Nr. 3, 67-81

Isenberg R., 1990,
Wissensbasierte Integration von Produktionsplanung in CIM, Dissertation RWTH Aachen

Johnson L.A., Montgomery D.C., 1974,
Operations Research in Production Planning, Scheduling and Inventory Control, John Wiley & Sons

Johnson S.M., 1954,
Optimal two- and three-stage production schedules with setup times included, in: *Naval Research Logistics Quarterly*, Bd. 1, 61-

Kamenetzky R., 1985,
Successful MRP II implementation can be complemented by smart scheduling, sequencing systems, in: *Journal of Industrial Engineering*, 44-52

KCIM 1987,
Normung von Schnittstellen für die rechnerintegrierte Produktion: Standortbestimmung und Handlungsbedarf, Deutsches Institut für Normung, Beuth, Berlin

Keeney R., Raiffa H., 1976,
Decisions with multiple objectives, John Wiley & Sons, New York

Kent W., 1978,
Data and reality: basic assumptions in data processing reconsidered, North Holland, Amsterdam

King J.R., 1976,
The theory practice gap in job shop scheduling, in: *The Production Engineer*, Bd. 55, Nr. 138, 138-143

Klein D., Finin T., 1987,
What's in a deep model?, in: *Tagungsband 10th IJCAI*, Mailand, 559-562

Koton P., 1985,
Empirical and model-based reasoning in expert systems, in: *Tagungsband 9th IJCAI*, Los Angeles, USA, 297-299

Krallmann H., 1986,
Expertensysteme als notwendige Voraussetzungen für CIM-Realisierungen, in: E.Zahn (Hg.) Technologie- und Innovationsmanagement, Dunkler & Humblot, Berlin, 115-142

Krallmann H., 1987,
Expertensysteme in der Produktionsplanung und -steuerung, in: *CIM Management*, Bd. 3, Nr. 4, 60-69

Kuhn A., 1987,
Stand der Simulation in der Fertigungstechnik und Endwicklungstendenzen, in: J.Halin (Hg.) *Tagungsband Simulationstechnik*, Springer Berlin, Heidelberg, 2-27

Kunz J., 1988,
Model-based reasoning in CIM, in: M.D. Oliff (Hg.) Intelligent Manufacturing, Benjamin/Cummings Publishing Company, Menlo Park, USA, 93-112

Kurbel K., Meynert J., 1988,
Flexibilität und Planungsstrategien für interaktive PPS-Systeme, in: HMD 139, 60-72

Kusiak A., 1986,
Flexible Manufacturing Systems: Methods and Studies, North Holland, Amsterdam

Kusiak A., Chen M., 1988,
Expert systems for planning and scheduling manufacturing systems, in: *European Journal of Operations Research*, Bd. 34, Nr. 2, 113-130

Lee J.K., Suh M.S., 1988,
PAMS: a domain-specific knowledge-based parallel machine scheduling system, in: *Expert Systems*, Bd. 5, Nr. 3, 198-213

Lehmann E., 1989,
Wissensrepräsentation, in: *Tagungsband KIFS 89*, Springer Berlin, 52-77

Liebowitz J., Lightfoot P., 1987,
Expert scheduling systems: Survey and preliminary design concepts, in: *Applied Artificial Intelligence*, Bd. 1, Nr. 3, 261-283

Liu B., 1988,
A reinforcement approach to scheduling, in: *Tagungsband 8th ECAI*, München, 580-585

Lundrigan R., 1986,
What is this thing called OPT?, in: *Production and Inventory Management*, Bd. 27, Nr. 2, 30-37

Mackworth A.K., Freuder E.C., 1985,
The complexity of some polynomial network consistency algorithms for constraint satisfaction problems, in: *Artificial Intelligence*, Bd. 25, Nr. 1, 65-74

McLean Ch., Mitchell M., Barkmeyer E., 1983,
A computer architecture for small-batch manufacturing, in: *IEEE Spectrum*, Nr. 5, 59-64

Mertens P., Helmer J., Rose H., Wedel Th., 1989,
Ein Ansatz zu kooperierenden Expertensystemen bei der Produktionsplanung und -steuerung, erscheint in: Kurbel, Mertens, Scheer (Hg.) Interaktive betriebswirtschaftliche Informations- und Planungssysteme, Walter de Gruyter, Berlin

Mesarovic M.D., Macko D., Takahara Y., 1970,
Theory of hierarchical multilevel systems, Academic Press, London

Meyer W., 1988,
Economical aspects of CIM, in: *Tagungsband 4th European Conference on CIM*, Madrid, 185-198

Meyer W., Isenberg R., Hübner M., 1988
Knowledge-based factory supervision - The CIM Shell, in: *International Journal of Computer Integrated Manufacturing*, Bd.1, Nr. 1, 31-43

Meyer W., 1990,
Expert systems in factory management: Knowledge-based CIM, erscheint bei Ellis Horwood, Chichester

Miller D., Firby R.J., Dean T., 1985,
Deadlines, travel time, and robot problem solving, in: *Tagungsband 9th IJCAI*, Los Angeles, USA, 1052-1054

Minsky M., 1975,
A framework for representing knowledge, in: Winston P. (Hg.) Psychology of Computer Vision, 212-277

Moder J.J., Phillips C.R., Davis E.W., 1983,
Project Management with CPM, PERT and Precedence Diagramming, Van Nostrand Reinhold, New York

Mohr R., Henderson T., 1986,
Arc and path consistency revisited, in: *Artificial Intelligence*, Bd. 28, 225-233

Montanari U., 1974,
Networks of constraints: fundamental properties and applications to picture processing, in: *Information Sciences*, Bd. 7, 95-132

Montanari U., Rossi F., 1988,
Fundamental properties of networks of constraints: a new formulation, in: Kanal and Kumar (Hg.), Search in AI, Springer New York, Berlin, 426-449

Muller H., 1987,
ITL, an Interval Temporal Logic, Philips Nat.Lab Technical Note Nr. 041/87 (internal Philips report)

Nadel B., 1988,
Tree search and arc consistency in constraint satisfaction problems, in: Kanal and Kumar (Hg.) Search in AI, Springer New York, Berlin, 288-342

Nijenhuis A., Wilf H.S., 1975,
Combinatorial Algorithms, Academic Press, New York

Nudel B.A., 1983,
Consistent labeling problems and their algorithms: expected complexities and theory-based heuristics, in: *Artificial Intelligence*, Bd. 21, Nr. 1 & 2, 135-178

O'Keefe R., 1986,
Simulation and expert systems - a taxonomy and some examples, in: *Simulation*, Bd. 46, Nr. 1, 10-16

Ow P., 1988,
Filtered beam search in scheduling, in: *International Journal of Production Research*, Bd. 26, Nr. 1, 35-62

Panwalkar S.S., Iskander W., 1977,
A survey of scheduling rules, in: *Operations Research*, Bd. 25, Nr. 1, 45-61

Parello B., Kabat W., Wos L., 1986,
Job-shop scheduling using automated reasoning: A case study of the car-sequencing problem, in: *Journal of Automated Reasoning*, Bd. 2, Nr. 1, 1-43

Park Y.B., Pegden C.D., Enscore E.E., 1984,
A survey and evaluation of static flowshop scheduling heuristics, *International Journal of Production Research*, Bd. 22, Nr. 1, 127-141

Pearl J., 1984,
Heuristics - Intelligent Search Strategies for Computer Problem solving, Addison-Wesley, Menlo Park, USA

Peng S., Smith S., Howie R., 1988,
A cooperative scheduling system, in: M.D.Oliff (Hg.) Expert Systems and Intelligent Manufacturing, Elsevier Science Publishers, Amsterdam, 43-56

Ramakrishna A., Yong C., Gershwin S., 1984,
Performance of hierarchical production scheduling policy, in: *IEEE Transactions on Components, Hybrids and Manufacturing Technology*, Bd. 7, Nr. 3, 225-240

Reddy R., Fox M., Husain N., 1986,
The knowledge-based simulation system, in: *IEEE Software*, Bd. 3, Nr. 3, 26-37

Reilly C., Cromarty A., 1985,
'Fast' ist not 'real-time': Designing effective real-time AI systems, in: *SPIE, Applications of AI*, 249-257

Rickel J., 1988,
Issues in the design of scheduling systems, in: M.D.Oliff (Hg.) Expert Systems and Intelligent Manufacturing, Elsevier Science Publishers, Amsterdam, 70-89

Rit J., 1986,
Propagating temporal constraints for scheduling, in: *Tagungsband 5th AAAI*, Philadelphia, USA, 383-388

Rodammer F. A., White K.P., 1988,
A recent survey of production scheduling, in: IEEE Transactions on Systems, Man, and Cybernetics, Bd. 18, Nr. 6, 841-851

Rose H., Stengel H., 1988,
Kurzfristige Umdisposition in verschiedenen PPS Ansätzen, in: *CIM Management*, Nr. 6, 76-84

Sacerdoti E.D., 1977,
A structure for plans and behaviour, Elsevier Science Publishers, Amsterdam

Saunders J.H., 1989,
A survey of object-oriented programming languages, in: *Journal of Object-Oriented Programming*, Bd. 1, Nr. 6, 5-11

Sauve B., 1989,
Job shop dynamic scheduling: the knowledge-based approach of Sonia, in: J. Browne (Hg.) Knowledge-based Production Management Systems, Elsevier Science Publishers, Amsterdam, 191-205

Sauve B., Collinot A., 1987,
Expert System for scheduling in a flexible manufacturing system, in: *Tagungsband International Conference on intelligent Manufacturing Systems*, Budapest, 229-233

Scheer A.W., 1987,
CIM, der computergesteuerte Industriebetrieb, Springer Berlin, Heidelberg

Scheiber R., 1984,
Algorithmen zur flexiblen Gestaltung der kurzfristigen Fertigungssteuerung, Dissertation Universität Stuttgart, Springer Berlin, Heidelberg

Schmidt B., 1988,
Simulation von Produktionssystemen, in: Feldman K. (Hg.) Simulation in der Fertigungstechnik, Fachberichte Simulation Bd. 10, Springer Berlin, Heidelberg

Schmidt R., 1987,
Einsatzmöglichkeiten der Simulation in der Werkstattsteuerung, in: Fachberichte Simulationstechnik, Springer Berlin, New York

Schmitt B., 1985,
Systemanalyse und Modellaufbau, in: Fachberichte Simulation Band 1, Springer Berlin, Heidelberg

Scholz B., 1988,
CIM Schnittstellen, Oldenbourg Verlag, München, Wien

Schonberger R.J., 1984,
Just in time production systems: Replacing complexity with simplicity in manufacturing management, in: *Industrial Engineering*, Bd. 16, Nr. 1, 52-63

Schonberger R.J., 1987,
Frugal manufacturing, in: *Harvard Business Review*, Nr. 5, September, ?

Seliger G., 1983,
Wirtschaftliche Planung automatisierter Fertigungssysteme, Hanser, München

Seliger G., 1988,
CIM - Was ist das? - Grundkonzept, in: *DIN-Mitteilungen*, Bd. 67, Nr. 6, 325-330

Shannon R., 1988,
Knowledge-based simulation techniques for manufacturing, in: International Journal of Production Research, Bd. 26, Nr. 5, 953-973

Shoham Y., McDermott D., 1988,
Problems in formal temporal reasoning, in: *Artificial Intelligence*, Bd. 36, Nr. 1, 49-61

Smith S.F., Fox M., Ow P., 1986,
Constructing and maintaining detailed production plans: investigations into the development of knowledge-based factory scheduling systems, in: *AAAI Magazine*, Fall, 45-61

Smith S.F., Ow P., 1985,
The use of multiple problem decompositions in time constrained planning tasks, in: *Tagungsband 9th IJCAI*, Los Angeles, 1013-1015

Smith-Daniels V.L., Ritzman L., 1988,
A model for lot sizing and sequencing in process industries, in: *International Journal of Production Research*, Bd. 26, Nr. 4, 647-674

Stalk G. jr., 1989,
Zeit- die entscheidende Waffe im Wettbewerb, in: *Harvard Manager*, Nr. 1, 37-46

Stallmann R.M., Sussmann G.J., 1977,
Forward reasoning and dependency-directed backtracking in a system for computer-aided circuit analysis, in: *Artificial Intelligence*, Bd. 9, Nr. 2, 135-196

Steffen M.S., 1986,
A survey of artificial intelligence-based scheduling systems, in: *Tagungsband Industrial Engineering Conference*, Norcross, USA, 395-405

Stefik M., 1981,
Planning with constraints (MOLGEN, Part I, II), in: *Artificial Intelligence*, Bd. 16, Nr. 2, 111-169

Sussman G., Steele G., 1980,
CONSTRAINTS - a language for expressing almost-hierarchical descriptions, in: *Artificial Intelligence*, Bd. 14, Nr. 1, 1-39

Tate A., 1986,
A review of knowledge-based planning techniques, in: *Knowledge Engineer's Review*, Bd. 1, Nr. 2, British Computer Society Specialist Group on Expert Systems, 4-17

Tsang E., 1986,
Plan generation in a temporal frame, in: *Tagungsband 6th ECAI*, 479-493

Tsang E., 1987,
TLP - A temporal planner, in: *Tagungsband AISB*, Edinburgh, 63-78

Valdes-Perez R., 1987,
The satisfiability of temporal constraint networks, in: *Tagungsband 6th AAAI*, Seattle, USA, 256-260

Vere S., 1983,
Planning in time: windows and duration for activities and goals, in: *IEEE Transactions Pattern Matching and Machine Intelligence*, Bd. 5, Nr. 3, 246-267

Villain M., Kautz H., 1986,
Constraint propagation algorithms for temporal reasoning, in: *Tagungsband 5th AAAI*, Philadelphia, USA, 377-382

Vollmann T.E., 1986,
OPT as an enhancement to MRP II, in: *Production and Inventory Management*, Bd. 27, Nr. 2, 38-46

Wallace T., Dougherty J., 1987,
The official dictionary of production and inventory management terminology and phrases, *American Production & Inventory Control Society (APICS)*

Waltz D., 1975,
Understanding line drawings of scenes with shadows, in: Winston (Hg.) The Psychology of computer vision, McGraw-Hill, New York, 19-91

Weßel D., 1988,

Systemverständnis durch Simulation, in: Feldmann K., Schmidt B. (Hg.) Fachberichte Simulation Band 10, Simulation in der Fertigungstechnik, Springer Berlin, Heidelberg, 274-288

Wiehndahl H.P., 1987,

Belastungsorientierte Fertigungssteuerung, Hanser Verlag, München

Wiehndahl H.P., Lüssenhop T., 1989,

Wirkung von Prioritätsregeln, in: *VDI-Z*, Bd. 131, Nr. 1, 36-41

Wildemann H., 1984,

Flexible Werkstattsteuerung durch Integration von Kanban Prinzipien, CW-Publikationen, München

Wilkins D.E., 1984,

Domain-independent planning: representation and plan generation, in: *Artificial Intelligence*, Bd. 22, Nr. 3, 269-301

Wrennall W., Lee Q., 1988,

Reducing manufacturing complexity, in: M.D.Oliff (Hg.) Expert Systems and Intelligent Manufacturing, Elsevier Science Publishers, Amsterdam, 401-425

Zsack F., 1989,

Ein objektorientiertes und ein traditionelles Simulationssystem für die wissensbasierte Produktionssteuerung, Diplomarbeit Universität Hamburg, erschienen als Philips Laborbericht LB 753/89

Verwendete Abkürzungen:

ECAI	European Conference on Artificial Intelligence
AAAI	American Association of Artificial Intelligence
IJCAI	International Joint Conference on Artificial Intelligence
IMACS	International Association for mathematics and computers in simulation
AISB	Society for Artificial Intelligence and Simulation of Behaviour
IEEE	Institute of Electrical and Electronic Engineers
ACM	Association for Computing Machinery

Stichwortverzeichnis

admissiv 115, 166
Anforderungen 46, 50
Arbeitsbereich 97
Auflageplanung 161
Auftragsendtermin 6
Auftragsnetzwerk 157, 161, 165
Auftragsreihenfolgen 115, 157, 172
Ausführungsprozeß 8
Auslastung 107, 171
auftragsgesteuert 9

backtracking 119, 121
belastungsorientiert 30
Belastungsrechnung 30
Bereichswissen 75
Beschränkung 70, 115, 160, 173
beschränkungsgesteuert 153
Beschränkungsnetzwerk 121
Bestand 95, 105, 107, 171
Bestandsentwicklung 108
bestandsgeregelt 32
Bestandsobergrenze 62, 103, 105
Bewertungsfunktion 51, 161, 171
BGD 32
blackboard 37
BOA 30

CIM 3, 52
CIM Controller 52
CIM Modul 52
CIM Referenzmodell 49
constraint 70
constraint-directed 153
constraint formulation 121
constraint propagation 121
constraint satisfaction 120, 122, 137
COPICS 67
CPM 21

data dictionary 4
deklarativ 75, 177
Dezentralisierung 34
Diagnosesystem 108, 109
Durchlaufzeit 97, 107, 163, 171

Eindeutigmachen 122, 154
Ein-Maschinenbelegungsproblem 15, 162
Engpaß 29, 95
Entscheidungsflüsse 3
Entscheidungsprozeß 7, 49
Entscheidungsrahmen 46, 50, 64
Entscheidungsregel 51, 161
Entscheidungssystem 44, 55, 64
Entscheidungstheorie 49
Entscheidungsunterstützung .. 63, 67, 87
Entscheidungsvariable 50
Entscheidungszellen 44, 177
Entscheidungsziel 51, 161, 163
Expertensysteme 10

FLEX 63
Flexibilität 3
Fließfertigung 14
Fortschrittszahlen 26
Frames 79, 80

GRAI Methode 43
GRAI Gitter 45
GRAI Netze 46
Grenzwertkontrolle 110

Heuristik 75, 86, 163

imperativ 115, 166
Informationsflüsse 3
Informationssystem 44
Inkonsistenz 122

Instandhaltung 109, 161, 173
Integration 4, 9, 180
Interpretationssystem 108, 111
ISIS 36

just-in-time 28, 59, 161, 181

Kanban 27
KEE 79, 83
knowledge acquisition 87, 93
kombinatorische Explosion 18
Komplexität 8, 181
Konsistenz, qualitative 135, 169
Konsistenz, quantitative 147, 169
Kontrollwissen 75
Kreiser 95
kritische Linie 103, 105
Künstliche Intelligenz 10, 179

lateness 18
least commitment 33
Lösungsverfahren, approximative 19
Lösungsverfahren, heuristische .. 20
Lösungsverfahren, optimale ... 17
Lösungsverfahren, statische .. 17
logische Programmierung 76

makespan 18
Maschinenbelegungsplanung 13, 15, 168
Maschinenbelegungsproblem 16, 181
messages 81, 90
Metabeschränkungen 178
Metawissen 75
Modellkomponente 54, 70
Monotonie 145
Montagelinie 57
MRP 24

NBS Modell 41, 61
Netzplantechnik 21
Netzwerkprotokolle 4

Objekte 77
objektorientiert 77, 79
Operations Research 85, 120
Operatorabstraktion 118
OPIS 36
OPT 29
Optimalitätsprinzip 170

Performanzindikator 51
PERT 21
physikalisches System 44
Plan 117
Planung 13, 117
Planungskomponente 54, 68, 115
Planungsproblem 15
Planungsspielraum 116
Planungssystem, lineares 119
Planungssystem, nichtlineares ... 119
Planungssystem 123, 179
Planungstechnik, wissensbasierte 119
PPS 5
Prädikatenlogik 76
Prioritäten 164, 169
Prioritätsregeln 167
procedural attachement 78
Produktionsflexibilität 3, 8, 180
Produktionskontrollsystem 6
Produktionsmanagementsystem .. 38, 43
Produktionsplanung 5
Produktion, rechnerintegrierte ... 3, 177
Produktionssteuerung 5, 24
Produktionssystem 40, 179
Produktmix 99, 105
Programmierstil 73
prozedural 75
Puffer, Einfluß von 100

Randbedingungen 21
Referenzintervall 131, 155
Referenzrelation 131
Referenzmodell 6, 39, 179
Regelkreis 27, 68
Reifikation 82
Reihenfolgeplanung 5, 115
Relationen 78, 126, 127
Relaxierung 169
Ressourcenmanagement 16, 17
Rückwärtsterminierung 14, 25

Scheduling 13
Schlußfolgerungsmechanismen ... 11
semantische Lücke 19
Sichtweisen 40
Simulation 34, 83, 86, 171
Simulationsbibliothek 87
Simulationsdaten 83, 109
Simulationsmodell 88
Situationsabstraktion 118, 132
Slots 82
SMALLTALK 79, 81
SOLL/IST Vergleich 33, 73
SOJA 37
SONJA 37
SOPO 139
Steuerungshierarchie 42
Steuerungsmodule 41
Störungen, Einfluß von 101
Störungserkennung 72
Störungsextrapolation 72
Strukturierung 77
symbolisch 107, 146, 150
Synchronisation 66, 181
Synergieeffekte 177
Systemtheorie 7

tardiness 18
Teilreihenfolgen 165

temporale Inferenz 115
Terminabweichung 107, 171
transitive Hülle 129, 133
Travelling-Salesman 18
Trendanalyse 87
Trichtermodell 30

Überwachungskomponente 54, 72, 107, 157
Umplanung 157
Unsicherheit 7, 23, 69, 128, 141

Vererbungstaxonomie 87
Verfeinerung, gegenseitige 150
Verifikation 112
Versionenkonzept 151
vorhersagegesteuert 59
Vorwärtsterminierung 14

Waltz-Algorithmus 145
Werkstattfertigung 14
WIP 18
Wissensbasis 10, 152, 165
wissensbasiert 35
Wissenserwerb 93
Wissensrepräsentation 73
work-in-progress 18

Zeitdauer 119, 139
Zeitlogik 123, 125
Zeitrepräsentation, qualitative ... 125, 150
Zeitrepräsentation, quantitative .. 138, 150
Zeitpunkt 119
Zielableitung 164

Weitere Veröffentlichungen aus der Schriftenreihe
Betriebliche Informations- und Kommunikationssysteme
Herausgegeben von Prof. Dr. Hermann Krallmann

Band 6
Expertensysteme im Unternehmen
Möglichkeiten – Grenzen – Anwendungsbeispiele
Herausgegeben von Prof. Dr. Hermann Krallmann
157 Seiten, Großoktav, kartoniert, DM 46,–, ISBN 3 503 02594 4

Band 7
Planung, Einsatz und Wirtschaftlichkeitsnachweis von Büroinformationssystemen
Herausgegeben von Prof. Dr. Hermann Krallmann
253 Seiten, Großoktav, kartoniert, DM 58,–, ISBN 3 503 02609 6

Band 10
Rechnergestützte Planung und Gestaltung von Büroinformationssystemen
Herausgegeben von Rudolf Hoyer und Georg Kölzer
115 Seiten, Großoktav, kartoniert, DM 36,–, ISBN 3 503 02726 2

Band 11
Organisatorische Voraussetzungen der Büroautomation
Rechnergestützte prozeßorientierte Planung von Büroinformations- und Kommunikationssystemen
Von Dr.-Ing. Rudolf Hoyer · 367 Seiten, Großoktav, kartoniert, DM 76,–, ISBN 3 503 02759 9

Band 12
Praktische Anwendungen moderner Bürotechnologien
Herausgegeben von Susanne Fuhrmann und Thomas Pietsch
207 Seiten, Großoktav, kartoniert, DM 49,–, ISBN 3 503 02809 9

Dieser Band versteht sich als Beitrag zur Schaffung des „Büros der Zukunft", das sich nicht an euphorischen Versprechungen der Hersteller neuer Bürotechnik und der Faszination am technisch Machbaren orientiert, sondern an gewachsenen Organisationsstrukturen und den daraus für die Praxis resultierenden Restriktionen.

Band 13
Büroautomation im betrieblichen Umfeld
Konzepte und Anwendungen eines Computer Integrated Business (CIB)
Herausgegeben von Susanne Fuhrmann und Thomas Pietsch
223 Seiten, Großoktav, kartoniert, DM 56,–, ISBN 3 503 02885 4

Erich Schmidt Verlag
Berlin · Bielefeld · München